生态背景下的园林景观设计

李佳颖 ◎ 著

吉林出版集团股份有限公司

图书在版编目（CIP）数据

生态背景下的园林景观设计 / 李佳颖著. — 长春：
吉林出版集团股份有限公司，2024.4
ISBN 978-7-5731-4824-7

Ⅰ．①生… Ⅱ．①李… Ⅲ．①园林设计－景观设计－
研究 Ⅳ．①TU986.2

中国国家版本馆CIP数据核字（2024）第081556号

生态背景下的园林景观设计

SHENGTAI BEIJINGXIA DE YUANLIN JINGGUAN SHEJI

著　　者	李佳颖	
责任编辑	张继玲	
封面设计	林　吉	
开　　本	787mm×1092mm　　1/16	
字　　数	180 千	
印　　张	13	
版　　次	2024 年 4 月第 1 版	
印　　次	2024 年 4 月第 1 次印刷	
出版发行	吉林出版集团股份有限公司	
电　　话	总编办：010-63109269	
	发行部：010-63109269	
印　　刷	廊坊市广阳区九洲印刷厂	

ISBN 978-7-5731-4824-7　　　　　　　　　　　　　定价：78.00 元

前　言

随着社会的不断进步，景观规划设计也因人类生存环境的变化得到了持续的发展和优化。生态园林是园林景观行业追寻的根本，虽然园林景观设计在内容和形式上发生了巨大变化，但从根本上讲，现代园林景观设计离不开其中各种组成要素的生态化利用。它本身就具有自然属性和社会属性，驾驭着整个生态系统的结构与功能。

生态园林景观设计与植物配置是城市环境建设的重要内容，高品质的景观设计会做好植物配置，并且充分保障植物配置的生态化、科学化。对此，在实践中要基于生态景观设计的基础理念，在现代科技手段的支持之下，优化生态园林景观设计与植物配置，进而充分提高景观设计的生态性。

本书基于生态背景对园林景观设计进行分析，先是从园林景观概述入手，介绍了园林景观的功能构成，园林景观规划设计内容、分类和原理，接着深入探讨了生态视角下植物景观规划设计以及生态视角下不同区域景观设计，并在生态视角下景观艺术设计创新方面做出了重要探讨。

本书撰写期间得到了所在学校的大力支持及帮助。在此致以衷心的感谢！但由于笔者在内容的取舍上难免有不妥和疏漏之处，敬请读者不吝赐教，以便再版时更臻完善。

李佳颖

2024 年 4 月

目　录

第一章　园林景观概述

第一节　园林艺术及功能

一、园林艺术

（一）园林艺术及特点

中国园林艺术源远流长，其完整的理论体系早在 1631 年就见于明代计成所著《园冶》一书中。书传入日本后，被誉为"夺天工"，可见对它的高度评价。专门名词"造园"也是他先提出来，后被日本沿用至今。

在 16 世纪的意大利、17 世纪的法国和 18 世纪的英国，园林被视为一门极其重要的荟萃艺术。1638 年，法国园林家布阿东索的著名作品《论园林的艺术》问世，他的主要论点是："一个人所能发现的最完美的东西，如果不加以组织和排列整齐，就是有缺陷的。"[①]17 世纪下半叶，法国园林设计师勒诺特尔（André Le Nôtre）提出，要强制自然接受统一的法则。他主持设计的凡尔赛宫苑，利用地势平坦的特点，开辟了大片草坪、花坛、河渠，创造出了宏伟华丽的园林风格，因此其风格被称为"勒诺

---

① 郭晓龙，林玉杰 . 园林艺术 [M]. 北京：中国农业大学出版社，2011：52.

特尔风格"（Style Le Nôtre），并被西欧各国竞相模仿。他们试图模仿大自然，将大自然景物中令人心旷神怡的部分集中在一起，形成完美的整体，这就是园林艺术。建筑则以建筑方式安排自然事物，人们从大自然取材，就像建筑师为建造宫殿而取用大自然中的石头、大理石和木材一样。利用建筑的方式布置花草树木、喷泉、水池、道路、雕塑等，这就是园林艺术。艺术观不同，所产生的园林风格也不同，而作为上层建筑的园林艺术可容许多种风格存在。随着东西方文化和思想感情的交流，各自的风格逐渐产生了变化，从而使得园林艺术更加丰富多彩、日新月异。简言之，园林艺术主要研究园林创作的艺术理论，包括园林作品的内容与形式、园林景观设计的艺术构思与总体布局、园景创作的各种手法、各种形式构成的各种原则在园林中的运用等。

园林艺术与其他艺术有共同之处，即通过典型形象来反映现实，表现作者的思想感情和审美情趣，以其独特的艺术魅力影响人们的情绪，陶冶人们的情操，提高人们的文化素养。除此之外，园林艺术也具有自己的特色，包含以下几方面特点：

1. 园林艺术是与功能相结合的艺术

从环境效益、社会效益、经济效益等多方面的要求出发，园林艺术要考虑到艺术性与功能性的要求，使其达到艺术与功能的高度统一。

2. 园林艺术是有生命的艺术

园林艺术设计主要是以植物的季节变化、形态、颜色等为主题。植物是有生命的，它不像绘画艺术和雕塑艺术那样会抓住瞬间的形态凝固不变，而是会随着岁月的流逝，不断地改变自己的形体，并因植物之间相互消长而不断改变园林空间的艺术形象，因此园林艺术具有生命的特性，是有生命的艺术。

3. 园林艺术是与科学相结合的艺术

由于物种的不同，植物的生态习性、生长规律和群落演替过程等也存在差异。在设计、规划园林时，如果要想实现长势强健、枝繁叶茂，就要因地制宜、适度利用，同时要科学的管理，这也是植物造景艺术的基础。总之，优秀的园林景观，从规划设计、施工到养护管理，全靠科学管理。只有靠科学管理，园林艺术才能尽善尽美。因此，园林艺术是科学与艺术的结合。

4. 园林艺术是融多种艺术于一体的综合艺术

园林艺术是一门独特的艺术，融合了文学、绘画、建筑、雕塑、书法、工艺美术等门类，它们相互渗透、融为一体，形成了一套适合新条件、能统领全局的总体艺术法则，也体现了其综合艺术的本质。

有人说园艺家就像乐队指挥或戏剧的导演，尽管他并不一定是一位高明的演奏家或演员，但他一定是乐队的灵魂、戏剧的统帅；园艺家虽并非高明的画家、诗人、建筑师等，但他能以园艺学原理及其他各种艺术、科学的知识统筹规划，将各艺术角色置于合适的位置，使彼此相互协调，从而提高其整体艺术水平。所以，园林艺术的实现，是由多种艺术人才与工程技术人员共同努力完成的。

（二）园林美

要研究园林艺术，首先要懂得什么是美，什么是园林美。关于美的问题涉及哲学范畴，已有许多美学专著可供参考。笔者在这里提出三个概念，来帮助读者理解美：第一，在公元前 6 世纪，古希腊的毕达哥拉斯学派认为："美就是一定数量的体现，美就是和谐，一切事物凡是具备和谐这一特点的就是美。"① 这一论点对以后西方文艺产生了深远的影响。第二，德国黑格尔认为"美是理念的感性显现"②，并且他辩证地认为"客观存在与概念协调一致才形成美的本质"③，这种思想成为马克思主义的美学理论来源之一。第三，蒋孔阳在《美和美的创造》中说"美是一种客观存在的社会现象，它是人类通过创造性的劳动实践，把具有真和善的品质的本质力量在对象中实现出来，从而使对象成为一种能够引起爱慕和喜悦的感情的观赏形象，就是美"。辩证唯物主义美学家认为，没有美的客观存在，人们就不可能产生美感，美存在于物质世界中。马克思认为，任何物种都有两个尺度，即任何物种的尺度和内在固有的尺度。这两个尺度都是物的尺度，是相对而言的。内在固有的尺度是指物的内在属性，内在特征；那么与之相对的任何物种的尺度都是指物的外部形态，特定的具体物质形态。美作为特定物所特有的属性，这个属性不是它的共性、种属性所包括的。例如，黄河除了具有河流的共同属性，还有它自己的特点，像水流浑浊，泥沙严重淤塞，有些地方成为地上河等。因此我们认为马克思所说的两个尺度的关系，就是物的现象与本质、形式与内在两方面的美的条件关系，美的规律就是这两方面的高度统一的规律。这种对立的统一关系处于永远不停顿的运动变化状态。因此，对于同类一系列的个别事物来说，两者之间的关系是不平衡的，有的两者之间的统一面占优势，呈现事物美的一面；有的两者之间对立面占优势，

---

① 刘培杰.从毕达哥拉斯到怀尔斯 [M].哈尔滨：哈尔滨工业大学出版社，2006：75.
② 黑格尔.美学 [M].寇鹏程.重庆：重庆出版社，2016：24.
③ 黑格尔.美学 [M].寇鹏程.重庆：重庆出版社，2016：29.

呈现事物丑的一面；有的只达到一般的统一，则呈现事物平庸的一面。因此，通过对事物的这种关系属性的研究，我们可以给"美"下个定义：美是事物现象与本质的高度统一，或者说，美是形式与内容的高度统一，是通过最佳形式将它的内容表现出来。

1. 自然美

凡不加以人工雕琢的自然事物，如泰山日出、钱塘江海潮、黄山云海、黄果树瀑布、云南石林、贵州将军洞等，其声音、色泽和形状都能令人身心愉悦，产生美感，并能使人寄情于景。

自然之美源于自然，唐代文学家柳宗元在《邕州柳中丞作马退山茅亭记》一文中提到"夫美不自美，因人而彰"。自然风景美虽是客观存在的，但其离开了人就没有美，只有和人有了联系，才能有美和丑的区别。黑格尔说："自然事物之所以美丽，既不在于它本身，也不在于它为了展示美。"[①] 也就是说，自然美就是为别的事物而美，为我们美，为审美意识而美。这种观点和柳宗元的看法相近。自然之美体现着人们的审美意识，只有与人发生关系的自然，才能成为审美对象。

自然美在哪里？自然界的事物并不是一切皆美的，只有符合美的客观规律的自然事物才是美的。例如，孔雀比野鸡美，熊猫比狗熊美，黄山比五岳美，金鱼比鲤鱼美，虽然前者与后者所构成的物质基本一致，但是形象与形式不完全一样，前者的形式比后者更符合美的法则，因此，美在形式。宇宙事物无穷，美的毕竟是少数，所以世界著名的风景名胜并不多，如尽管我国 14 多亿人口，在人体结构形式上，符合美的形式法则者，也是不多见的。自古以来，著名的美人屈指可数。世界各地虽然

---

① 黑格尔.美学：第 1 卷 [M].朱光潜译，北京：商务印书馆，1979：160.

都有日月、山水、花草、鸟兽，但国内外游客还是不惜金钱，不辞辛苦，千里迢迢到泰山日观峰欣赏旭日东升，舟游长江三峡去欣赏两岸的峭壁陡峰和汹涌的波涛，目的是愉悦耳目，感受自然的形式美。

自然美包含规则和不规则两种自然形式，如在花岗岩节理发育的地貌中，岩体被分割成许多平面呈矩形的岩块，风化严重的呈球形；英国北爱尔兰贝尔斯特西北约 80 公里的巨人堤，由 4 万多根石柱聚集而成，堤身伸展出海，望而不见终端，石柱大部分呈完全对称的六边形，也有四边、五边或八边形的，从空中俯瞰石柱，宛如铺路石子，排列得整整齐齐，这是由于 8000 多万年前地壳剧烈变动，不列颠群岛一股玄武岩岩浆涌上地面，形成洪流，流向大海，海水冷却收缩而成，因此成为当今世界奇观之一；绝大多数植物的叶和花都是对称的，而整个植株的形象却呈不规则状，这都说明规则的形式常寓于不规则形式之中，反之亦然。规则的与不规则的两种自然形式与形象共存于一个物体之中，几乎是普遍现象，如地球是椭圆的，但它的表面呈现高山、平地、江河湖海等，到处都凹凸不平，曲折弯曲；有些树木冠形整齐，但它的枝叶却并不规则，如铅笔柏、中山柏等。有人认为，自然美是高级阶段的美，规则美是低级阶段的美，这从人们审美的发展过程来说也许是对的。因为当时慑于大自然威力的人们，不会对莽莽丛林和浩瀚大海产生美感。但从美的本身来讲，并不能说明规则的美比不规则的美低级。美与不美是相对的，只要能引起美感的事物都是美的，但是美的程度是比较而言的。例如，太阳和月亮在人们的心目中都是圆的，圆是规则的形象，也是完美的象征；大多数的花是对称的，它们都天然生成，是自然美；被艺术家誉为最美的人体，是绝对对称的，如果某人某部分出现不对称现象，就会被称为畸形或者病态。因而我们不要认为不规则的美是高级的美，规则美是低级的美。不论规则还是不规则的形式或形象都来自自然，只要这些形式或形象及其所处的环境具有和谐的特点，便都是美的。规则与不规则的形体从来没有彼美此丑或彼高此低的区别，不可以做简单粗暴的判断，它们都是美中不可缺少的形式与形象。由规则和不规则的形体结合的事物，更为生动，既不显杂乱，又不显呆板。人体是绝对对称的，但发式与衣着却往往是不对称的，因而显得活泼与潇洒；人在翩翩起舞时，舞蹈动作虽大多不对称，却显得异常生动，富有动态美。

总而言之，自然美包含着规则和不规则两种形式。例如，举世闻名的万里长城、埃及金字塔，以及位于地球上的各个城市和村庄，都为大自然增添了更多的魅力。认识这两种形式，便可以创造出更美好的世界。这就是将规则和不规则两种形式结合起来，不采用过渡形式也能达到统一的根本原因。

常见园林中的自然美，有日出与日落、朝霞与晚霞、云雾雨雪等气象变化和百花争艳、芳草如茵、绿荫护夏、满山红遍及雪压青松等植物的四季变化。以杭州西湖为例，它有朝夕黄昏之异，风雪雨雾之变，春夏秋冬之殊，呈现出异常丰富的气象景观。西湖瞬息多变，仪态万千，西湖的自然美因时空而异，因而令人百游而不厌。

气象景观和植物的季相变化，是构成园林自然美的重要因素。除这两种变化外，还有地形地貌、飞禽走兽和水禽游鱼等自然因素的变化，如起伏的山峦、曲折的溪涧、冰凉的泉水、啾啾的鸟语、绿色的原野、黛绿的丛林、烂漫的山花、馥郁的花香、纷飞的彩蝶、奔腾的江河和搏浪的银燕等，这些众多的自然景观，无一不是美好的。这种美自然质朴、绚丽壮观、宁静幽雅、生动活泼，非人工美所能比拟。

在一些以拟自然美为特征的江南园林中，有一些对自然景色的描写，如"蝉噪林逾静，鸟鸣山更幽""爽借清风明借月，动观流水静观山""清风明月本无价，近水远山皆有情"等诗句，看似是艺术夸张，实则是对自然美的真实写照。

2. 生活美

园林作为一个现实环境，必须保证游客在游览时感受到方便和舒适。要做到这一点，就要注意以下几方面：第一，要保证环境卫生，空气清新，水体清洁，排除一切异味。第二，要有宜人的环境。第三，要避免噪声。第四，植物种类要丰富，且生长茂盛。第五，要有便利的交通，完善的生活和福利设施，适合园林的文化娱乐活动和美丽安静的休息环境。第六，要有可挡烈日、避暑、供休息、观赏的建筑物。在现代社会，人们建造园林、开辟风景，主要是创造机会，让人们亲近自然，享受自然的阳光、空气和独特的自然美。自然舒展身心，消除疲劳，有益于人们的健康。但它毕竟不同于原始的自然与自然保护区，它必须保证生活美的六方面，方能使园林增色，相得益彰，更能吸引游人。

3. 艺术美

人们在欣赏和研究自然美、创造生活美的同时，孕育了艺术美。艺术美应是自然美和生活美的拔高，因为自然美和生活美是创造艺术美的源泉。存在于自然界中的事物并非一切皆美，也不是所有的自然事物中的美，都能立刻被人们所认识。这是因为自然物的存在目的不是去迎合人们的审美意识，所以只有当自然物的某些属性与人们的主观意识相吻合时，才为人们所赏识。如果要把自然界中的自然事物作为风景供人们欣赏，还需要经过艺术家们的审视、选择、提炼和加工，自然事物只有通过摒俗收佳的手法进行剪裁、调度、组合和联系，才能引人入胜，使人们在游览过程中感受到它的完美。尤其是中国传统园林的造景，虽然取材于自然山水，但并不像自然主义那样，把具体的一草一木、一山一水加以机械化模仿，而是集天下名山胜景加以高度概括和提炼，力求达到"一峰则太华千寻，一勺则江湖万里"的神似境界，这就是艺术美，康德和歌德称它为"第二自然"。

还有一些艺术美的元素，如音乐、绘画、照明、书画、诗词、碑刻、园林建筑及园艺等，都可以运用到园林中来，丰富园林景观和游赏内容，使游客对美的欣赏得到加强和深化。

生活美和艺术美都展示人工美，将人工美赋予自然，不仅有锦上添花和功利上的好处，而且可以通过人工美把创作者的思想感情倾注到自然美中，达到情景交融、物我相契的程度。

园林美应以自然美为特征，与艺术美、生活美高度统一。另外，园林美要服务于社会主义事业，让人民群众喜闻乐见；还要认真研究继承我国优秀的园林艺术遗产，同时吸收国外的优秀成果，努力创造出具有民族形式、有社会主义内涵的园林艺术新风格，不断提高园林景观艺术的设计水平。

二、园林的功能

园林通常都是开放性的公共空间，它为人们提供的基本功能包括游玩、休憩、美化、改善环境等。

（一）园林的游玩、休憩功能

游玩、休憩是园林的基本功能，也是最直接、最重要的功能。在进行园林规划时，设计师首先要实现园林公众游玩、休憩的功能。一般情况下，在园林中的游玩、休憩活动主要有运动游戏、文化活动、观赏自然风景、休闲几种。像露天舞会、庙会等属于文化的范围；下棋、日常身体锻炼属于运动、游戏的范畴。

（二）园林的美化功能

园林作为城市里开放性的环境绿化场所，拥有大量的植被和水体，与城市的建筑完美结合，造就了一道亮丽的风景线。同时，园林的美化作用还和人们对自然美、社会美、艺术美的鉴赏力和感受力有关。园林不断地创新美，提高了人们对美的追求，培养了城市人民的高尚情趣。

（三）园林改善环境的功能

园林中大面积的植被和绿化不仅能够改善城市中不良的空气状况，还能够降低太阳辐射、防止水土流失、调节区域气候、减低噪声污染等。

（四）园林促进城市经济发展的功能

园林的美化功能、改善环境功能可以使园林更具价值，从而引起投资者的注意，提高土地价值，促进区域经济发展。

第二节 园林景观的构成

园林景观的构成要素很多，下面主要从地形、水体、植物、园林建筑等几方面进行分析。

一、地形

地形或称地貌，是地表的起伏变化，即地表的外观。园林主要由丰富的植物、变化的地形、迷人的水景、精巧的建筑、流畅的道路等园林元素构成，而地形在其中发挥着基础性的作用，其他的园林要素都在地形之上，与地形相协，营造出宜人的环境。因此我们可以把地形看成园林的骨架。

不同地形形成的景观特征主要有四种：高大巍峨的山地、起伏和缓的丘陵、广阔平坦的平原、周高中低的盆地。

地形在园林设计中的主要功能有如下几种：

（一）分隔空间

设计师可以通过地形的高差变化来对空间进行分隔。例如，在平地上进行设计时，为了增加空间的变化，设计师往往通过地形的高低处理，将一个大空间分隔成若干个小空间。

（二）改善小气候

从风的角度而言，设计师可以通过地形的处理来阻挡或引导风向，如凸面地形、瘠地或土丘等，可用来阻挡冬季强大的寒风。在我国，冬季大部分地区为北风或西北风，为了能防风，设计师在设计时通常会把西北部或北部处理成堆山，而为了引导夏季凉爽的东南风，设计师通过地形的处理在东南形成谷状风道或者在南部营造湖池，这样夏季就可以利用水体降温。从日照稳定的角度来看，地形产生的地表形态变化丰富，形成了不同方位的坡地。不同角度的坡地日照时间不同，其温度差异也很大。例如，对于北半球来说，南坡所受的日照要比北坡充分，其平均温度也比北坡高；而在南半球，情况正好相反。

（三）组织排水

园林场地的排水最好依靠地表排水，因此巧妙地通过坡度变化来组织排水的话，将会以最少的人力、财力达到最好的效果。较好的地形设计，即使是在暴雨季节，场地内也不会产生大量雨水淤积的情况。从排水的角度来考虑，地形的坡度不应该小于 5 度。

（四）引导视线

人们的视线总是沿着阻力最小的方向移动，尤其是在开放的空间中。因此，设计师可以通过地形的处理对人们的视野进行限定，从而使人们的视线停留在某一个特定焦点上。

（五）增加绿化面积

对面积相同的基地来说，起伏的地形所形成的表面积比平地的表面积更大。因此在现代城市用地非常紧张的环境下，在进行城市园林景观建设时，进行地形的处理会十分有效地增加绿地面积。况且地形起伏所产生的地表形态也为不同习性的植物提供了稳定的生存产所。

（六）美学功能

在园林设计中，有些设计师通过对地形进行艺术处理，使地形自身成为一个景观。例如，一些山丘常常被用来作为空间构图的背景，如颐和园内的佛香阁、排云殿等建筑群就是依托万寿山而建，其建造设计借助了自然山体的大型尺度和向上收分的外轮廓线，给人一种雄伟、高大、坚实、向上与永恒的感觉。

（七）游憩功能

不同的地形有不同的游憩功能。例如，平坦的地形适合开展大型的户外活动；缓坡大草坪可供游人休憩，沐浴阳光；幽深的峡谷可为游人提供世外桃源般的享受；高地则是观景的好场所。另外，地形可以起到控制游览速度与游览路线的作用，它通过地形的变化，影响行人和车辆运行的方向、速度和节奏。

二、水体

（一）水体的作用

水体是园林中给人以强烈感受的因素，宋代郭熙在其画论《林泉高致》这样描述："水，活物也。其形欲深静，欲柔滑，欲汪洋，欲回环，欲肥腻，欲喷薄……"它能使不同的设计因素与之产生关系而形成一个整体，设计师只有了解了水的重要性才能创造出不同风格的水体，为全园的设计打下良好的基础。

在我国古典园林当中，山水密不可分，叠山必须顾及理水，没有水，山只是静止的景物，山得水而活，有了水，景物就能生动起来，打破空间的闭锁，还能产生倒影。清初书画鉴藏家笪重光在《画筌》中写道："目中有山，始可作树；意中有水，方许作山。"设计师在设计地形时，山水应该同时考虑，除了挖方、排水等工程的原因以外，山和水相依，彼此更可以表露出各自的特点，这是园林艺术最直接的用意所在。

《韩诗外传·卷三》中对水的特点做过概括："夫水者，缘理而行，不遗小间，似有智者；动而下之，似有礼者；蹈深不疑，似有勇者；障防而清，似知命者；历险致远，卒成不毁，似有德者。天地以成，群物以生，国家以宁，万事以平，品物以正。此智者所以乐水也。"该书认为水的流向、流速均根据一定的道理而无例外，如同有智慧一样，甘居于低洼之所，仿佛通晓礼义；面对高山罩深谷也毫不犹豫地前进，有勇敢的气概；时时保持清澈，能了解自己的命运所在；忍受艰辛不怕遥远，具备高尚的品德；天地万物离开它就不能生存，它关系着国家的安宁，衡量事物是否公平。自远古开始，人类和水的关系就非常密切，一方面水对于人比食物更为重要，这要求人和水保持亲近的关系。另一方面水全使人遭受灭顶之灾。这种比德于水的倾向使后世极为重视水景的设计。水是园林中生命的保障，它使园中充满了旺盛的生机；水是净化环境的工具，能湿润空气、调节气温、吸收灰尘。这不仅有利于游客的身体健康，还利于灌溉和消防。

在炎热的夏季，水分蒸发可以使空气变得湿润凉爽，低平的水面可以引清风吹到岸上，故石涛的《画语录》中有"夏地树常荫，水边风最凉"之说。水和其他要素配合，可以产生更为丰富的变化，"山令人古，水令人远"。园林中只要有水，就会焕发出勃勃生机。宋朝朱熹曾概括道："知者达于事理而周流无滞，有似于水，故乐水。仁者安于义理而厚重不迁，有似于山，故乐山。"①山和水具体形态千变万化，"厚重不迁"（静）和"周流无滞"（动）是各自最基本的特征。石涛在其《画语录》中写道："非山之任水，不足以见乎周流；非水之任山，不足以见乎环抱。"这句话道出了山水相依才能令地形变化动静相参，完整丰富。除以上作用外，水还可以进行各种水上运动及各种渔业养殖活动。

（二）水体的形态

无论中西方园林都曾在水景设计中模仿自然界里水存在的形态，这些形态可大致分为两类：带状水体：江、河等平地上的大型水体和溪涧等山间幽闭景观。前者多分布在大型风景区中；后者和地形结合紧密，在园林中出现得更为频繁。块状水体：大者如湖海，烟波浩渺，水天相接。园林里常将大湖以"海"命名，如福海、北海等，以求得"纳千顷之汪洋"的艺术效果。小者如池沼，适于山居茅舍，给人以安宁、静穆的感觉。

在城市里，将天然水系移入园林中是不大可能的。这就需要设计者对天然水体进行观察提炼，求得"神似"而非"形似"，把人工水面（主要是湖面）创造出近似于自然水系的效果。

圆明园、避暑山庄等是分散用水的范例。私家大中型园林也常采用这种形式，虽有时水面集中，但也尽可能"居偏"，以形成山环水抱的格局，反之如果水过于突出则略显呆滞，难以和周围景物产生联系；中小型园林里为了在建筑空间里突出山池，水体常以聚为主。我们以颐和

---

① 梁新宇.朱熹 [M].北京：国际文化出版公司，2020：112.

园后山以及其他园林的水体处理为例加以说明。

1. 颐和园后山的水体

相对而言,颐和园后山的地形塑造要艰苦得多。上千米长的万寿山北坡原来无水,地势平缓,草木稀疏;山南虽有较大水面却缺乏深远感;佛香阁建筑群宏伟壮丽却不够自然;万寿山过于孤立,变化也不够。基于以上考虑,乾隆时期对后山进行了大规模整治,其在靠近北墙一侧挖湖引水,挖出的土方堆在北墙以南,形成了一条类似于峡谷的游览线。这项工程不但解决了前面遇到的问题,还满足了后山排水的需要,为圆明园和附近农田输送了水源,景观上也避免了北岸紧靠园外无景可赏的弊端,一举数得。这类峡谷景观的再现很少见,其独特的意趣常使众多游客流连于此,理水则是这种意趣能够得以产生的关键。

2. 其他园林中水体的处理形式

苏州畅园、壶园和北京北海公园画舫斋等处水面方正平直,采用对称式布局。但常用对称式布局,有时会显得过于严谨。即使是皇家园林,在大水面的周围也往往布置曲折的水院。例如,承德避暑山庄的文园狮子林,北京北海的静心斋、濠濮间,圆明园的福海,颐和园的后湖以及很多景点都是如此。水的运动要有所依靠,画论中有"画岸不画水"之说,即水面应靠堤、岛、桥、岸、树木及周围景物的倒影为其增色。例如,南京瞻园以三个小池贯通南北:第一个位于大假山侧面,小而深邃,有山林的味道。第二个水面面积最大,略有亭廊点缀,开阔安静。第三个水面紧傍大体量的水榭,曲折变化增多,狭处设汀步供人穿行,较为巧媚。三者以溪水相连,和四周景物配合紧凑。为使池岸断面丰富,仅大池四周就有贴水石矶、水轩亭台、平缓草坡、陡崖重路、夹涧石谷等几种变化，和廊桥、汀步、小桥组合在一起避免了景色的单调。

（三）理水

园林中的人工水景，多是以天然水面略加人工雕琢或依地势"就地凿水"而成。园林中的水景具体有以下几个类型：

1. 河流

设计师在园林中组织河流时，应结合地形，不宜过分弯曲，河岸应有缓有陡，河床应有宽有窄，空间上应有开阔和狭小。造景设计时要注意河流两岸风景，尤其是当游客泛舟于河流之上时，要有意识地为其安排对景、夹景和借景，留出一些好的透视线。

2. 溪涧

自然界中，泉水通过山体断口夹在两山间的流水为涧；山间浅流为溪。习惯上"溪""涧"通用，常以水流平缓为溪，湍急为涧。溪涧之水景，以动水为佳，且宜湍急，上通水源，下达水体。在园林中，应选陡石之地布置溪涧，平面上要蜿蜒曲折，纵向要有缓有陡，使其形成急流、潜流。例如，无锡寄畅园中的八音涧，以忽断忽续、忽隐忽现、忽急忽缓、忽聚忽散的手法处理流水，其水形多变，水声悦耳，设计独具匠心。

3. 湖池

湖池分为天然、人工两种，园林中的湖池多为天然水域，略加修饰或依地势而成，沿岸因境设景，自成一幅天然图画。湖池作为园林（或一个局部）的构图中心，在我国古典园林中常在较小的水池四周围以建筑，如北京颐和园中的谐趣园，苏州的拙政园、留园，上海的豫园等。

这种布置手法，有"小中见大"之妙。湖池水位有最低最高与常水位之分，植物一般种于最高水位以上，耐湿树种可种在常水位以上，池周围种植物应留出透视线，使湖岸有开有合、有透有漏。

4. 瀑布

从河床纵剖断面陡坡或悬崖处倾泻而下的水为瀑，因远看像挂着的白布，故谓之瀑布。国外有人认为陡坡上形成的滑落水流也可算作瀑布，因为它在阳光下有动人的光感，而我们这里所指的是因水在空中下落而形成的瀑布。水景中最活跃的对象要数瀑布，它可独立成景，这在园林设计中很常见。瀑布按形式可分为线瀑、挂瀑、飞瀑、叠瀑等。瀑布口的形状决定了瀑布的形态，如线瀑水口窄，帘瀑水口宽。水口平直会使瀑布透明平滑；水口不整齐会使水帘变皱；水口极不规则时，水帘将出现不透明的水花。现代瀑布可以让光线照在瀑布背面，流光溢彩，引人入胜。天气干燥炎热的地方，流水应在阴影下设置；阴天较多的地区，流水则应在阳光下设置，以便于人接近甚至进入水流。叠瀑是指水流不是直接落入池中，而是经过几个短的间断叠落后形成的瀑布，它比较自然，充满变化，最适于与假山结合模仿真实的瀑布。设计时要注意承水面不宜过多，应上密下疏，使水流最后能保持足够的跌落力量。跌落过程中水流一般可分为几股，也可以几股合为一股，如避暑山庄中的沧浪屿。水池中可设石承受冲刷，使水花和声音显露出来。大的风景区中常有天然瀑布可以利用，但一般的园林就很少有了。所以，如果经济条件允许又非常需要，设计时可结合叠山创造人工小瀑布，并且人工瀑布只有在具有高水位置或人工给水时才能运用。

5. 喷泉

地下水向地面上涌谓泉，泉水集中、流速大可成涌泉、喷泉。园林中，喷泉往往与水池相伴随，它一般布置在建筑物前、广场的中心或闭锁空间内部，作为一个局部的构图中心，如果在缺水的园林风景焦点上运用喷泉，就能得到较高的艺术效果。喷泉有以下水柱为中心的，也有以雕像为中心的，前者适用于广场以及游客较多的场所，后者则多用于安静地区。喷泉的水池形状大小可以多种多样，但要与周围环境相协调。喷泉的水源有天然的也有人工的，天然水源是在高处设蓄水池，利用天然水压使水流喷出，人工水源则是利用自来水或水泵推水。处理好喷泉的喷头是形成不同的喷泉水景的关键之一。喷泉出水的方式可分为长流式或间歇式。近年来随着光、电、声波和自控装置的发展，在国内外出现了随着音乐节奏起舞的喷泉柱群和间歇喷泉。我国于1982年在北京石景山区古城公园成功地安装了自行设计的自控花型喷泉群。喷泉水池的植物种植，应符合功能及观赏要求，可选择慈菇、水生鸢尾、睡莲二水葱、千屈菜、荷花等植物。水池深度随种植类型而异，一般不宜超过60厘米，可用盆栽水生植物直接沉入水底。喷泉在城市中也得到广泛应用，它的动感与静水形成对比，在缺乏流水的地方和室内空间可以发挥很大的作用。

6. 壁泉

壁泉，泉水从建筑物壁面潺潺流出。古典园林中常见设于池壁，或挡土墙上，出水口常以兽头或其他雕刻加以点缀，或作为对景用。其构造分壁面、落水口、受水池三部分。壁面附近墙面凹进一些，用石料做成装饰，上绘有浮雕及雕塑。落水口可用扇形、人物雕像或山石来装饰，如我国旧园及寺庙中就有将壁泉落水口做成龙头式样的。其落水形式需依水量多少决定，水多时，可设置水幕，使其成片落水，水少时成柱状落，水更少时成淋落、点滴落下。目前壁泉已被运用到建筑的室内空间中，增加了室内动景，颇富生气，如广州白云山庄的"三叠泉"。

三、植物

植物是一种特殊的造景要素，最大的特点是具有生命力，能生长。它种类极多，从世界范围看植物种类超过 30 万种，它们遍布世界各个地区，与地质地貌等共同构成了地球千差万别的外表。植物有很多种类型，常绿、落叶、针叶、阔叶、乔木、灌木、草本。植物的大小、形状、质感、花及叶的季节性变化也各具特征。因此，植物能够创造出丰富多彩、富于变化的迷人的景观。

植物还有很多其他的功能作用，如涵养水源、保持水土、吸尘滞埃、构造生态群落、建造空间、限制视线等。一个优秀的设计师应该熟练掌握植物的生长习性、观赏特性以及它的各种功能，只有这样才能充分发挥它的价值。

植物景观牵涉的内容较多，设计师需要进行系统的学习才能熟练掌握。下面主要从植物的大小、形状、色彩三方面介绍植物的观赏特性，并介绍针对其特性的利用和设计原则。

（一）植物的大小

植物的大小在空间布局中起着重要的作用，因此，在设计之初就要考虑。植物按大小可分为大中型乔木、小乔木、灌木、地被植物四类。

不同大小的植物在植物空间营造中也起着不同的作用，如乔木多是做上层覆盖，灌木多是用作立面"墙"，而地被植物多是做底。

（二）植物的形状

植物的形状简称树形，是指植物整体的外在形象。常见的树形有笔形、球形、尖塔形、水平展开形、垂枝形等。

（三）植物的色彩

色彩对人的视觉冲击力是很大的，人们往往在很远的地方就能被植物的色彩吸引。虽然每个人对色彩的偏爱以及对色彩的反应有所差异，但大多数人对于颜色的心理反应是相同的。例如，明亮的色彩让人感到欢快，柔和的色调则使人平静和放松，而深暗的色彩让人感到沉闷。植物的色彩主要通过树叶、花、果实、枝条以及皮等来表现。

树叶在植物的所有器官中占的面积最大，因此很大程度地影响了植物的整体色彩。树叶的主要色彩是绿色，但绿色中也存在色差和变化，如嫩绿、浅绿、黄绿、蓝绿、墨绿、浓绿、暗绿等，不同植物搭配可形成微妙的色差。深浓的绿色有收缩感、拉近感，常用作背景或底层，而浅淡的绿色有扩张感、漂离感，常布置在前层或上层。各种不同色调的绿色重复出现，既有微妙的变化也能很好地达成统一。

植物除绿叶类外，还有秋色叶类、双色叶类、斑色叶类等。这使植物景观变得更加丰富与绚丽。

果实与枝条、树皮在园林景观设计的植物配置中的应用常常会收到意想不到的效果，如满枝红果或者白色的树皮常会给人意外的惊喜。

在具体植物造景的色彩搭配中，花朵、果实的色彩和秋色叶虽然颜色绚烂丰富，但因其寿命不长，因此在植物配置时要以植物在一年中占据大部分时间的夏、冬季为主来考虑色彩，如果只依据花色、果色或秋色是不合适的。

植物园林景观设计基本上要用到两种色彩类型。第一种是背景色或者基本色，这是整个植物景观的底色，以调和景色，它在景色中应该是一致的、均匀的。第二种是重点色，用于突出景观场地的某种特质。

植物色彩本身所具有的表情也是我们必须考虑的，如不同色彩的植物具有不同的轻重感、冷暖感、兴奋与沉静感、远近感、明暗感、疲劳感、面积感等，这些都可以在心理上影响观赏者对色彩的感受。

植物的冷暖还能影响人对于空间的感觉，暖色调（如红色、黄色、橙色等）有趋近感，冷色调（如蓝色、绿色等）则会有退后感。

植物的色彩在空间中能发挥众多作用，会影响设计的统一性、多样性及空间的情调和感受。植物的色彩与其他特性一样，设计师要综合考虑整个空间场地中的其他造景要素，相互配合运用，以达到设计的目的。

四、建筑

建筑可居、可游、可望、可行于其中，能满足多种功能要求，有突出景观的作用。建筑的景观作用主要表现在以下几方面：

（一）点景

建筑常成为景观的构图中心，并控制全局，起着画龙点睛的作用。

尤其是滨水景观中的建筑有"凌空、架轻、通透、精巧"等特点。

（二）赏景

亭、台、楼、阁、塔、榭、舫等建筑，以静观为主；廊、桥等建筑，曲折前行，步移景易，以动观为主。

（三）组织路线

建筑可以引导人们的视线，成为起承转合的过渡空间。

（四）划分空间

建筑可以围合庭院，组织并分隔空间层次。

第二章　园林景观规划设计的内容、分类和原理

第一节　景观规划设计的主要内容

一、景观规划

（一）规划

一个好的环境，就像一个人拥有一个健康状态一样，容易让人察觉出来，但难以给它下一个定义。就像为保护并提高我们的健康状态，医生必须了解人体的代谢机理一样；为保护并改善环境状况，规划师必须了解不同学科的知识。

1.科学与规划

规定性的规划很难从现有事物的科学研究中获得。大卫·休谟（David Hume），这位经验主义的哲学家宣称"应该存在的"不能仅仅从"现在存在的"事物中获得。他的研究方向是道德范畴，但在规划方面，这种哲学依然具有重要性。

以高速公路规划为例。整个规划的过程可能是这样的：首先进行相

关的调查，发现人们依靠机动车出行的趋势正越来越显著。其次对客观地和目的地进行分析，如显示机动车辆来自何方，它们是否需要有所限制，新的道路平面将被绘出，公众意见征求会召开，最佳路线被评选出来，道路应按此路线进行建设。最后，建设款到位，开工建设。

科学是通过对推理与观察的运用而表现出来的。古希腊哲学家柏拉图将人类描述为一个洞穴中的囚犯，只能看到坡上物体的影子，却看不到投阴影的物体本身。虽然人们今天所处的"洞穴"变大了，但现代的科学技术依然无法脱离这个洞穴的墙所展示的表象。由于缺乏"人类为何存在"以及"人类成员应该有怎样的行为"等知识，因此人们只能依靠判断和信仰来进行辨别。

我们的子孙或许会认为20世纪是"科学的世纪"（Age of Science）。在世纪之初，启蒙思想给人们带来了信心，大家相信科学推理将引导人类走向一个黄金时代。

2. 地理学与规划

动词"规划"（to plan）来自名词"规划"（Plan），这个动词指的是一种在平面上进行的二维投影的工作，"地理学"（geography）一词来源于词根"geo"与"graphein"，其中"geo"意为"地球"，"graphein"意为"记录"。地理学是一门描绘地球表面情况并解释其形成原理的科学。当地理学家们检查地球形成的相关证据时，人们发现地球是由无数的地质年代发展演变而来的。英格兰地质学家阿奇博尔德·盖基（GeikieArchibald）对"景观"（landscape）的定义成为《牛津英文词典》的一种权威解释，即："一片广阔的、具有区别于其他区域的特征的土地，视为塑造和自然力量下的产物"①，这种解释带有显然的现代感。在盖基之前，景观一词特指"一个理想的场所"——来自新柏拉图的艺术理论。它是一个可以估价的词语，特别适于形容一个规划和设计的目标。景观绘画者寻求将一个表现在画布上的理想世界，而景观设计者寻求在房产的建设中创造理想的环境。无论如何，"景观"的内涵价值从来没有被放弃过。

当景观概念发生的革命性变化被人们接受时，规划者自然而然地开始将眼光放到了城市区域之外。他们开始考虑更为宽广的地理现象，并将他们的专业领域在以绘图、调查、建筑设计和土木技术为主的基础上进行扩大。帕特里克·格迪斯受到法国地理学的启发，成为对这个变化最有影响力的行动者。他曾经受达尔文的合作者托马斯·赫胥黎的生物学教育。格迪斯也是英国人中最早将"景观建筑师"作为一种专业头衔的人。他是不列颠城镇规划学院的创建者之一，他提出的"调查—分析—规划"的方法论将现代地理学和现代规划联系在一起。

3. 现代规划

科学、教育与规划必然会使世界变得更好的信心来自 18 世纪的启蒙运动。19 世纪，规划成为卫生、道路与其他公共工程的基础。在德国，这种类型的规划得到了良好的发展。20 世纪，规划囊括的内容越来越多，开始综合关注交通、住宅、工业、林业、农业以及其他的土地利用类型。在这一时期，现代规划主要分为三个阶段发展。

（1）早期现代规划

20 世纪初，在格迪斯与芒福德产生影响之前，规划偏向于工程技术

---

① 牛津大学词典编委会. 牛津英语词典 [M]. 牛津：牛津大学出版社，1889：96.

和建筑；这段时间被称为"城市艺术"或"城市美化运动"时代。设计与绘画的努力都倾注在城市的外貌上；规划被当作"大规模的建筑设计"来进行，超过了单体建筑只关注街道和立面设计的范围。

（2）中期现代规划

在 20 世纪二三十年代，随着对地理学科变革更深入的了解，规划师开始进行总体规划、分区规划和土地利用规划，即将"一个有机体的几部分"分割为不同的内容。尽管有格迪斯的理论，但规划师们仍没有对生态环境进行太多关注，而是把更多的精力用在了物质空间环境上。在中期现代规划中，规划的主要内容是文本和二维平面规划图，包括分区规划、土地利用规划以及城镇规划。中期现代规划已经超越了建筑层面，其目标是制定土地利用规划，以防止住房建在工厂旁边或在珍贵的农业用地上。这导致了规划过多地关注于土地利用、密度调节和交通线路，忽视了生态环境。

随着中期现代规划的到来，规划专业的目标脱离了"建筑学"的框架，规划由"大规模的建筑设计"变成了"小规模的城市管理"。

（3）后期现代规划

20 世纪六七十年代，规划者建立了一种方法，强调规划中的生物学与生态学思想，但仍然关注土地利用和道路交通。它也被称为政策规划、综合规划、系统规划、协作规划或管理规划。规划者将自己视为一个不偏不倚的专家，去协调其他专家的工作，以便解决问题，消除冲突，从而在可能的情况下建设更好的世界。

现代规划的每个过程都在假设规划能够为一个城镇或区域的未来提供的景象：一条路、一个道理、一种方法。随着科学的进步，规划变得包罗万象。不同地点的规划中所包含的未来景象有微小差异，这种差异更多地源自构思的日期而不是场所特点或当地居民的意愿。

规划重视的东西像时尚一样，不停地发生着变化。例如，今年是绿化隔离带和环路，明年可能就是随着林荫道延伸的城镇扩展计划，第三年又是以环路为基础的城市中心重建计划，等等。多数的规划由一个小规模的社会团体完成。

（二）景观规划

景观设计因为含有很多的规划成分，因此称为"景观规划设计"。景观规划设计，与景观、景观设计、园林、建筑、城市设计都有关联，从宏观的大尺度景观到微观的小尺度景观，从风景旅游区到街头的绿地，都涵盖其中。景观规划设计包括建筑以外的室外空间的所有设计，微观尺度的景观规划设计包括庭院设计、别墅设计，面积可能只有几十平方米；中观尺度的景观设计包括公园设计、广场设计、居住区景观设计、主题乐园景观设计、滨水景观设计、历史街区景观设计等，面积从几公顷到几百公顷不等；宏观尺度的景观规划包括旅游区规划、国家公园规划乃至国土资源规划，面积以平方千米计量。由于环境的变化，景观规划设计与景观生态相结合，景观规划更多地具备理论支持和科学的成分，成为设计行业中不可替代的一员。由于景观都市主义的兴起，由景观主导建筑的思潮开始流行，景观将成为未来 20 年规划设计类的中坚力量和领导核心。

1. 景观规划与传统园林的区别

（1）园林在前，景观在后

圃，是菜地，菜园；囿，是圈起的一块地，起初圈养的是野生的动物，后来动物经过驯化，成为家养。再后来人们渐渐远离大自然，进入城市，将大自然浓缩取舍成为园林。到了现代，由于工业的发展和民主意识的加强，以及市民和公众健康的需要，以前私家的或者达官贵人的园林，现在面向公众开放，成为景观或公园。

（2）景观规划更加强调精神文化

建筑和城市强调精神文化，强调功能、技术，并解决人类的生存问题，景观规划则需要解决人类的精神享受问题，一切的建造和布置都要围绕这一核心进行。景观规划的基本成分包括软质和硬质两部分，树木、水体、风、雨等为软质景观，铺装、墙体、栏杆、景观构筑等为硬质景观或建成景观，两种景观均可形成一定的精神文化。

中国传统景观，如秦朝以来的"一池三山"，其模拟海上仙山的形象，以满足接近神仙的愿望，在传统的园林中成为一个经典的题材；又如牌坊等景观建筑形式，其记载着当年的荣升纪念和皇帝的恩宠。欧洲传统景观，以中世纪的土耳其伊斯坦布尔和法国巴黎的景观建筑形式为例，其记载着各种战争的凯旋和战功，具有纪念性的意义；再如中世纪的拱券、柱式和周围空间的园林布局等。现代的景观设计，往往借助古代文化或现代文化的符号语言表达人性、人文、理想、民主和国家等精神文化诉求，如景观设计中常常使用各种拱券柱式、中国长城形式、某种传统文化的建筑轮廓，或者采用多元化理念中的某种形式，进行景观空间形式的设计体现一种开放的文化和精神。

（3）面向大众的景观规划设计

古代的园林景观规划设计通常是为富人服务的，除了规模比较大的皇家园林，其余的多是较小的私家花园，而现在的景观规划设计主要面向大众，面向一个区域、城镇和一个城市。

2. 景观规划设计的发展趋势

景观规划设计、风景园林设计专业培养的是具有生态学、园林植物与观赏园艺、风景园林规划与设计等方面知识和技能的学生，即能在城市建设、园林、景观设计公司和园林公司、花卉企业以及高等院校及科研院所从事风景区、森林公园、街道景观、各单位景观、居住区景观等各类园林绿地的规划、设计、施工、园林植物繁育栽培、养护、管理及科研工作的应用型和复合型高级专门人才。

随着时代变化，园林景观设计越来越受到房地产、建筑、规划、设计业的青睐。作为行业的核心人才，社会对风景园林景观设计师的需求不断上升，风景园林景观设计业逐渐成为一门热门职业。随着大地艺术的兴起，生态环境系统的营造，旅游经济的崛起，风景园林景观设计的实践不再局限于街头绿地、大小公园的建设养护，风景区建设、古城再开发与保护等工作随之增加。城市建设也拓宽了园林景观设计师的业务范畴，如居住社区的外部环境设计、城市公共生活空间规划、生态园区建设等，为设计师提供了展现设计的舞台。

二、景观规划设计的主要内容

（一）城市规划分支

1. 城市设计

城市设计也称为综合环境设计，是指对城市体型和空间环境所做的整体构思与安排，其贯穿于城市规划的全过程。城市设计要考虑的因素包括由建筑物、道路、绿地、自然地形等构成的基本物质要素，以及由基本物质要素所组成的相互联系的、有序的城市空间和城市整体形象，从小尺度的亲切庭院空间、宏伟的城市广场，到整个城市存在于自然空间的形象。

城市设计从人类开始自觉地建设城市起就出现了。中国古代有大量的城市设计的优秀实例，如明清北京故宫的宫殿建筑群，创造出了帝王都城既严谨雄伟又生动丰富的空间环境，是城市设计的杰作。再如，在中国许多古代城市中，建筑、街道、广场、影壁、牌坊、寺塔、亭台等，在空间布局、视线对景、体型比例等方面都经过精心地设计，构成了各具特色的城市空间环境。又如，在古希腊的卫城及古罗马、中世纪、文艺复兴时期，欧洲一些城市所创造的许多著名的城市广场、大型宫廷花园也都是古代城市设计的范例。

现代城市的出现，带来了城市功能的多样化和复杂化，促使城市设计的指导思想和设计方法发生了重大变化。现代城市所进行的城市设计，在内容、规模、技术水平以及形式、风格等方面的丰富多彩，都是前所未有的。20世纪以来，各国在城市设计上进行了丰富实践。例如，现有城市中心区、成片旧城区和旧街道的重建和改建，各种类型的新城（卫星城镇）、新居民区、城市广场和公共活动中心、大型交通运输枢纽、大型绿化带（河滨、湖滨、海滨绿化带等）的建设，都是城市设计的结果。

目前，中国的景观规划设计与城市设计相结合正处于兴起阶段，在城市设计领域，建筑、规划、园林环境艺术等专业都占有一席之地。城市园林景观设计作为城市绿色设计的重点，所涵盖的范围已经不再拘泥于固有的园林、城市公园等等，而是扩散到广场、小区、街道的绿色景观设计，使绿色规划成为城市规划中的重要部分。从生态的角度而言，城市园林所发挥的重要作用是对城市绿色生态环境以协调，使城市居民在健康的环境中生活，同时对于城市整体形象以美化。例如，一些城市的广场，引种大量的树木和花草来对城市的环境进行绿化点缀，这样就把自然界中不同植物的栽培，来进行对当地城市环境空间的设计，会使人感到对环境保护的作用。在现代城市中，还可以在公园中，设计和构建人工水景，这些人工水景的设计，也是从环境保护出发，尽量模仿自然环境，就可以构建一个自然的，具有环境保护的城市环境，这种城市环境可以美化城市居民的生活。

作为统领开敞空间的景观与城市设计的关系极为重要，这不仅是所谓的风貌规划，更是需要从景观规划设计的角度，从景观开敞空间、绿地、生态着眼，首先要为城市留有起码的"空地"。

2. 历史文化名城

所谓"历史文化名城"，是指经国务院批准公布的保存文物特别丰富并且具有重大历史价值或者革命纪念意义的城市。我国列入历史文化名城的城市要求必须符合以下三个标准：城市的历史悠久，仍然保存着较为丰富、完好的文物古迹，具有重大的历史、科学、艺术价值；城市的现状格局和风貌仍保留着历史特色，并具有一定数量的代表城市传统风貌的街区；文物古迹主要分布在城市市区和郊区，保护和合理使用这些历史文化遗产对该城市的性质、布局、建设方针有重要的影响。

历史文化名城保护的内容应包括历史文化名城的格局和风貌；与历

史文化密切相关的自然地貌、水系、风景名胜、古树名木；反映历史风貌的建筑群、街区、村镇；各级文物保护单位；民俗精华、传统工艺、传统文化；等等。保护目标应根据保护对象的现状和性质而定，还要兼顾地区经济文化发展的要求。

从国际范围来看，历史文化名城保护属于典型的景观规划设计。其特色是进行景观规划设计的重要依据之一，景观规划设计也是保护历史文化名城的主要手段。国内长期形成的概念是历史文化名城保护是城市规划的任务之一。其实，在满足城市规划原则要求的前提下，运用景观规划设计的理论和方法来保护历史文化名城能做得更好，如意大利的古城佛罗伦萨、瑞士的伯尔尼等。

（二）城市绿地系统

城市绿地系统规划是指对各种城市绿地进行定性、定位、定量的统筹安排，形成具有合理结构的绿色空间系统，以实现绿地所具有的生态保护、游憩休闲和社会文化等功能的活动规划。城市绿地系统规划是城市总体规划的重要组成部分，也是指导城市园林绿地详细规划和城市绿地建设管理的重要依据。城市绿地系统规划一般有两种形式。

1.城市总体规划的组成部分

城市总体规划的任务是调查与评价城市发展的自然条件，协调城市绿地与其他各项建设用地的关系；确定城市公园绿地和生产防护绿地的空间布局、规划总量和人均定额。

2.专项规划

专项规划的主要任务是以区域规划、城市总体规划为依据，预测城市绿化各项发展指标在规划期内的发展水平，综合部署各类各级城市绿地，确定绿地系统的结构、功能和在一定的规划期内应解决的主要问题；确定城市主要绿化树种和园林设施以及近期建设项目等，从而满足城市和居民对城市绿地的生态保护与游憩休闲等方面的要求。这是一种针对城市所有绿地和各个层次的系统规划，包括以下几方面的内容：确定城市绿地系统规划的目标及原则；根据国家统一的规定及城市自身的生态要求，国民经济计划，生产、生活水平以及城市发展规模等，研究城市绿地建设的发展速度及水平，拟定城市绿地的各项指标；选择并合理布局各项绿地，确定其性质、位置、范围和面积等，使其与整个城市总体规划的空间结构相结合，形成一个合理的系统；提出各类绿地调整、充实、改造、提高的意见，进行树种及生物多样性保护与建设规划，提出分期建设与实施措施及计划；编制城市绿地系统规划的图纸及文件；对重点公园绿地提出规划设计方案，提出重点地段绿地设计任务书以备详细规划使用。

（三）景观规划设计的一般程序

设计程序是指对某一地区完整的景观规划设计所进行的一系列脉络过程也是一整套描述设计中分析思考的步骤，使其最终呈现的效果达到预期。一般来说，设计程序包含着许多合理的甚至是必须的步骤，它们对实现预期设计目标是不容小觑的。

1. 设计工作程序的作用

设计工作程序有助于建立一个完整的富有逻辑关系的构架体系并且寻求解决方案；有助于确定如景观资源、场地条件、游憩设施、工程造价等方案与基本条件能否契合；筛选出优化方案；作为对建设方解读设计意图的最原始的基本资料。

2.设计工作流程

（1）调查研究阶段

调研阶段分三步走：第一步，收集基础资料，主要以文字、技术图纸为主，是直接与景观规划设计相关的资料；第二步，收集现场素材，它是作为基础素材的补充资料，即通过搜集现场过程中得到的素材；第三步，资料整理，把整理得来的最重要、最突出的资料分门别类，以便利用。调研可综合勾画出大致架构，确定基本形式，作为后期设计的参考依据。

（2）编写计划任务书阶段

编写计划任务书，应首先明确有关规范、性质及设计依据，其次明确地区气候特征、周围环境、面积大小以及功能分区，拟定艺术形式的布局、整体风格统一和卫生要求，最后依据地形地貌制定分期实施计划和近期、远期投资及单位面积造价定额分配。

（3）总体景观规划设计阶段

按创作思维过程来说，总体景观规划设计共分为五个阶段：立意、概念构思、布局组合、草案设计、总体设计。

①立意。简单来说就是设计师想要表达的最基本的设计意图。

②概念构思。概念构思是指概念性地对环境分析、活动设立、功能布局、流线组织等展开设计构思操作。

③布局组合。布局组合其实是一个协调的过程，包括两方面：结构形式与内容，其需要全面考虑设计对象的内容、规模、性能、作用、赏游需求。

④草案设计。草案设计是将概念布局变为总体设计的必经之路，即初步意向定位所有的要素安置于正确的位置上，但这属于粗略整合。

⑤总体设计。最后的结果都体现在总体设计上，这也是全部设计工作的重要环节。总体设计将草案部分的内容，推敲得更为精细化，更加具有艺术效果，大多是通过设计图纸及文字文件作为表达形式。

（四）景观生态规划的内容

傅伯杰认为，景观生态规划与设计的基本内容应包括景观生态分类、景观生态评价、景观生态设计、景观生态规划和实施四方面的内容。王仰麟则把景观规划与设计的基本内容表述为区域景观生态系统的基础研究、景观生态评价、景观生态规划与设计生态管理建议四部分。捷克斯洛伐克的景观生态规划研究则认为其主要包括景观生态分析、景观生态综合、景观数据的解释、景观生态评价、景观优化利用建议前提等几方面内容。综观研究内容的描述可以看出，其研究内容均是大同小异的，故总体可归纳为以下几方面。

1.景观生态学基础研究

景观生态学基础研究，包括景观的生态分类、格局与动态分析、功能分化等内容，是从结构、功能、动态等方面对其景观生态过程予以研究。

2.景观生态评价

景观生态评价，包括经济社会评价与自然评价两方面内容，即评价景观对现在用地状况的适宜性，以及对已确定的将来用途的适宜性。

3.景观生态规划与设计

景观生态规划与设计是根据景观生态评价的结果，探讨景观的最佳利用结构的设计。

4.景观管理

景观管理的职责一方面是负责景观生态规划与设计成果的实施；另一方面是对于实施过程中所出现的问题，及时反馈给景观生态规划与设计人员，使其对于规划与设计不断进行修改，使之完善。

值得注意的是，景观生态规划客体的价值的多重性及空间分异。不少自然景观，如森林、湖泊等，都具有生态保护、旅游及经济开发等多重价值；同时，不少人类管理景观，如农业景观等，除提供农产品外也具有生态保护及旅游观光等多种潜在价值。但在同一时空条件下，这些价值往往是相互冲突的，如何考虑规划客体的空间分异规律，寻求缓解、协调这些价值冲突的空间解决途径，使景观最大限度地发挥其具有多重价值的功能及潜力，是景观生态规划所要解决的问题。

第二节　景观规划设计的思维与分类

一、景观规划的设计思维

景观规划设计是一个由浅入深、从粗到细、不断完善的过程，设计师应先进行基地调研，熟悉场地的视觉环境与文化环境，然后对与设计相关的内容进行概括和分析，最后拿出合理的方案，完成设计。这种先调研、再分析、最后综合的设计过程可分为五个阶段：设计场地实地调研分析、构思立意、功能图解、推敲形式、空间设计，其中更注重对后四方面要点的掌握。

（一）构想理念

构想理念是景观规划设计的灵魂，是具有挑战性和创造性的活动。如果没有构想理念的指导，后期的设计工作往往是徒劳的。设计的构思立意来源于对场地的分析、历史发展文脉的研究、解决社会矛盾以及大众思想启迪等多方面，具体可分为两方面，一个是抽象的哲学性理念，另一个是具象的功能性理念。

1. 抽象的哲学性理念

抽象的哲学性理念是通过设计来表达场所的本质特征、根本宗旨和潜在特点。这种立意赋予了场所特有的精神，使景观规划设计具备了超出美学和功能之外的特殊意义。如果设计植根于一个强有力的哲学理念，那么就会产生强烈的认同感，使人们在经历、体验这样一个景观空间后，能感受到景观所表达的情感，从而引起人们的共鸣。设计师需要发现并且揭示这种精神的特征，进而明确空间如何使用，并巧妙地把它融入到使用和特定的设计形式中。抽象的哲学性理念来源于许多方面，如受哲学思想影响的东方园林，运用景观艺术营造出诗画般的意境空间；受现代艺术影响的景观规划设计，直接从绘画中借鉴灵感来源，用抽象的具有象征意义的手法来表现景观空间的特质；还有的从历史文脉入手，创造出了具有民族文化特点的作品等。

（1）从历史文脉中获取灵感

人类创造历史的同时创造了灿烂的文化。每个国家、每个民族都有其自身的独特文明。文化的美积淀了一个国家、一个民族的传统习惯和审美价值，它包含了人类对生活理想的追求和美好向往。所以，从文化角度出发设计具有民族文化的作品势在必行。

（2）隐喻象征手法的运用

隐喻属于一种二重结构，主要表现为显在的表象与隐在的意义的叠合；象征是一种符号，象征的呈现，并不单纯表现其本身，通常有着更深层的意义。隐喻象征的手法给景观增添很多情趣，不同的人对于带有隐喻的设计符号的景观有不同的解释，这给空间带来了独特的内涵，如哈普林在加利福尼亚州旧金山设计的"内河码头广场喷泉"由一些弯曲的、折断的矩形柱状体组成。作为城市经历了剧烈地震所造成的混乱和破坏的象征物，它提醒人们这座城市坐落在不良的地质带之上。还有的设计师用圆形来隐喻生命的周期，如位于伦敦海德公园里的戴安娜王妃纪念喷泉。它是一个巨大的环形喷泉，设计者用圆形象征生命的轮回；喷泉其中一面的水潺潺而流象征着戴安娜王妃生命中快乐的日子；而另一面是翻腾的水流夹带着小石子，象征着戴安娜王妃生命中喧嚣的时刻；喷泉两面不同速度的水流最终汇聚在平静的水池中，象征着戴安娜王妃现在的宁静。

（3）场所精神的体现

场所精神根植于场地自然特征之上，对其包含及可能包含的人文思想与情感的提取和注入，是一个时间与空间、人与自然、现世与历史纠缠在一起的，留有人的思想、感情烙印的"心理化地图"。中国的古典园林讲求的意境就是一种场所精神的表现，即把自然山水与人的思想融合，从而使园林的美不仅停留在审美的表象，还具有更深的内涵，并形成一种情感上的升华。

2. 具象的功能性理念

具象的功能性理念是指设计的立意源自解决特定的实际问题，如减少土壤侵蚀、改善排水不良地面、保护生态、减少经济投入等问题，具有积极的现实意义。解决这些问题可能不像哲学性理念那样有一个很明确的场所情感，但它常影响最终的设计形式。具象的功能性理念在景观规划设计中主要体现在以下几方面。

（1）从解决场地的实际问题入手

场地的实地调研是设计的基础，也是设计灵感的来源。因为设计师在调研时对场地就产生了感知，也就是说设计师已经品读了场地的"气质"，这可能刺激设计师产生灵感。在调研过程中通过分析得到的场地的地域地貌特征，有被保留利用的积极因素，也有给设计造成困难的不可动元素，这些问题就需要设计师从解决实际问题入手。有的设计师利用场地保留的元素做"文章"，也有的设计师把目光放在了那些给设计造成困难的不可动元素上。

（2）从生态保护角度入手

景观设计师要处理的问题是土地综合体的复杂问题，他们所面临的问题是土地、人类、城市和一切生命的安全与健康以及可持续发展的问题。很多景观设计师在设计中遵循生态的原则，遵循生命的规律，并以此为设计的立意之本。例如，反映生物的区域性；顺应基址的自然条件，合理利用土壤、植被和其他自然资源；依靠可再生能源，充分利用日光、自然通风和降水；选用当地的材料，特别是注重乡土植物的运用；注重材料的循环使用并利用废弃的材料以减少对能源的消耗；等等。

（二）设计图解

确定了设计立意之后，设计师还应该根据设计内容进行功能图解与分析。每个景观规划设计都有特定的使用目的和基地条件，使用目的决定了景观规划设计所包括的内容，这些内容有各自的特点和不同的要求，因此，设计师需要结合基地条件合理地进行安排和布置，一方面为具有特定功能的内容安排相适应的基地位置，另一方面为某种基地布置恰当内容，尽可能地减少功能矛盾，避免动静分区交叉冲突。景观规划设计功能分析有如下几方面的内容：找出各使用区之间理想的功能关系；在基地调查和分析的基础上合理利用基地现状条件；精心安排和组织空间序列。

1. 功能图解的定义与目的

功能图解是一种随手勾画的草图，它可以用许多气泡和图解符号形象地表示出设计任务书中要求的各元素之间以及与基地现状之间的关系。

功能图解是后续设计过程的基础，其目的就是要以功能为基础做一个粗线条的、概念性的布局设计。它们的作用与书面的简要报告相似，就是要为设计提供一个组织结构。

功能图解研究的是与功能和总体设计布局相关的多种要素，在这个阶段不考虑具体外形和审美方面的因素。

设计师通过功能图解的图示语言就整个基地的功能组织问题与其他设计师或业主进行交流。这种图形语言使构思很快地表达出来。在初始阶段，设计师脑中会浮现大量图像画面或构思，通过功能图解将它们形化、物化。有些构思可能较具体，而另一些较概括模糊，这时就需要将它们快速画在纸上以便日后进一步深入。画得越快，其构思的价值大小就越容易判断。由此可见，功能图解的图形语汇对于快速表达而言，是不可多得的工具。此外，由于功能图解是随手勾画的，形式很抽象概括，所以改动起来十分容易。这有利于设计师探寻多个方案，最终获得一个合适的设计方案。

2. 功能图解的重要性

功能图解对整个设计很关键，因为它能为最终方案奠定一个正确的功能基础；使设计师保持这种宏观层面上对设计的思考；使设计师能够构想出多个方案并探讨其可能性；使设计师不是停留在构思阶段，而是继续迈进。

（1）建立正确的功能分区

一个经过审慎考虑的功能图解将使后续的设计过程得心应手，所以它的重要性不管怎么强调都不过分。合理的功能关系能保证各种不同性质的活动、内容的完整性和整体秩序性。这个时期做出的决定将会一直贯穿在接下来的设计中，因此，它必须是正确的，否则在后几个阶段问题就会接二连三地冒出来。设计的外观包括形式、材料和图案都不能解决功能上的缺陷。所以设计一开始就要有一个正确的功能分区。

（2）保持宏观思考

没有经验的设计师最常犯的一个错误就是一拿到设计，就在平面上画很具体的形式和设计元素。例如，平台、露台、墙和种植区的边界线在功能考虑得还不是很充分的情况下就赋予了其高度限定的形式。类似地，材料及其图案的位置和对应的功能还没敲定，就画得过细。像这样，太早关注过多的细节会使设计师忽略一些潜在的功能关系，功能图解中的空间应该用气泡徒手勾画，而不用画出具体形式。

先总体考虑再深入做细节设计的另一个原因就是时间因素。因为在设计过程中改动是不可避免的，太早确定细节后再更改会造成时间浪费。在每个设计阶段都会有变更，但是在初始阶段，如果用功能图解的图形语言合适地组织总体功能的话，改动起来就十分迅速，耗费的精力也少。

3. 探讨多种方案

随着设计经验的增多，设计师会在脑中积累许多构思，不管是通过拍照还是实地去体验，设计师都会画大量的图作为将来的参考。这些大脑中的构思存档很有价值，每一个设计师都通过设计和亲身体验来扩充大脑中的"构思"库，这种视觉信息的宝库直接促成最初的构思。

（三）形式表达

从概念到形式的跳跃被设计师看成一个再修改的组织过程。在这一过程中，那些代表概念的圆圈和箭头会变成具体的形状，可辨认的物体将会出现，实际的空间将会形成，精确的边界将被绘出，实际物质的类型、颜色和质地也将会被选定。

1. 主要设计元素

设计元素类型很多，主要有下列几种。

（1）点

点是构成形态的最小单元，不仅具有大小、位置，而且随着组织方法的不同，可以产生很多效果。例如，点可以排列成线，单独的点元素可以起到加强某空间领域的作用。当大小相同、形态相似的点被相互及严谨地排成阵列时，会产生均衡美与整齐美。当大小不同的点被群化时，由于透视的关系会产生或加强动感，富于跳动的变化美。

（2）线

线存在于点的移动轨迹，面的边界，以及面与面的交界或面的断、切截取处，其具有丰富的形状，并能形成强烈的运动感。线从形态上可分为直线（水平线、垂直线、斜线）和曲线（弧线、螺旋线、抛物线、双曲线及自由线）两大类。在景观设计中有相对长度和方向的建筑，如同路长廊、围墙、栏杆、溪流、驳岸、曲桥等均为线。

（3）形体

形体被看成是实心的物体或由面围成的空心物体。当面被移位时，就形成三维的形体。就像一座房子由墙、地板和顶棚组成一样，户外空间中形体由垂直面、水平面或底面组成。把户外空间的形体设计成完全或部分敞开的形式，就能使光、气流、雨和其他自然界中的物质穿入其中。

2. 几何形体思维模式

几何形体开始于三个基本的图形，即正方形、三角形、圆形。如果人们把这些简单的几何图形或由几何图形换算出的图形有规律地重复排列，就会得到整体上高度统一的形式。通过调整大小和位置，这些几何图形就能从最基本的图形演变成有趣的设计形式。

在每一个基本图形中又可以衍生出次级基本类型：从正方形中可衍生出矩形；从三角形中可衍生出 45°/90° 和 30°/60° 的三角形；从圆形中可衍生出各种图形，常见的包括两圆相接、圆和半圆、圆和切线、圆的分割、椭圆、螺线等。

3. 自然的形式

在一个项目处于研究阶段时，设计师如果收集到了关于场地和使用者的信息，那么就可能会在进一步的设计中明显产生一种必须用自然形式设计的感觉。许多因素使设计师感到应用有规律的纯几何形体不如应用那些较松散的、更贴近生物有机体的自然形体，如场地本身。有些场地展示最初很少被人干预的自然景观或包含一些符合自然规律的元素的景观，其与人为地把自然界的材料和形体重新再组合的景观相比，更易被人接受。

另一种情况，这种用自然方式进行的设计倾向根植于使用者的需求、愿望或渴望，同场地本身没有关系。场地虽可能位于充满人造元素的城市环境中，但业主更希望看到一些柔软的、自由的、贴近自然的新东西。同时，开发商需要树立具有环保意识的形象，他们展示的产品要能唤起公众的生态意识，他们的服务能保护自然资源。如此一来，设计者的概念基础和方案最终就同自然联系在一起了。

建筑环境和自然环境联系的强弱程度取决于设计的方法与场地固有的条件。在自然式图形的王国中存在一个含有丰富形式的调色板，这些形式可能是对自然界的模仿、抽象或类比。

模仿是指对自然界的形体不做大的改变，如可循环的小溪酷似山涧溪流。抽象是指对自然界的精髓加以提炼，再被设计者重新解释并应用于特定的场地。它的最终形式同原物体相比可能会大相径庭，如平滑的流线型道路看似人工之物，它的设计灵感却来自自然界蜿蜒的小溪。

类比来自基本的自然现象，但又超出了外形的限制。通常是在两者之间进行功能上的类比，如人行道的明沟排水道的流向是小溪的类比物，但看起来同真实的小溪又完全不同。

二、景观规划设计的分类

（一）依据尺度分类

景观规划设计有多种划分的方法，被广泛认可和运用的是将景观设计通过涉及面积的大小分为从国土尺度到细部尺度的六种划分方法，其具体内容如下。

1. 国土尺度

此尺度涉及的景观面积通常在100~1000平方千米范围内，此尺度的景观设计将关注点主要放在区域土地利用规划、经济发展战略布局以及行政区域内的交通运输与基础设施规划上。生态学、地理学、气候学、社会学及经济学在这一尺度的设计中起着重要的作用，这个尺度的景观设计通常以区域平面图、地图的形式呈现。

2. 城市尺度

此尺度涉及的景观面积通常在10~100平方千米的范围内，此尺度的景观设计主要是在城市格局内，对地形、生态、交通、经济与商业等方面进行分析与规划，其成果是城市区域概念规划或详细规划。此类规划与设计以平面分析图及模型为表现手法。

3. 社区区域尺度

此尺度涉及的景观面积通常在 1~10 平方千米范围内，此尺度的景观设计多以城市街道、城市大型居住区、大型公共公园空间或乡村村落的形式呈现。在这一尺度的设计中，除考虑交通系统、经济状况、土地特征、气候条件外，还应重点对文化特色，包括城市风貌、夜景观照明、城市导视及户外广告系统、水景观系统等与视觉景观效果相关联的项目进行分项设计。综合经济指标的分项也十分重要，平面图、鸟瞰图、轴测图、剖面图、立面图和较小比例的模型都是设计中所必需的。

4. 街区广场尺度

此尺度涉及的景观面积通常在 100~1000 平方千米范围内，这种尺度景观设计是要通过分项与设计，创造出具有创新意义、能引起人们注意的场所，这类场所包括城市公共广场、小型街道、住宅小区、村庄聚落、小公园等空间。此类型景观空间在设计中主要以人的空间综合感受为依据，强调人在这类空间中的视觉、触觉的舒适感和精致感。艺术化的细部处理在此类尺度景观设计中也非常重要。

此尺度的设计表达是以平面图为主，但要加入以人的正常视点绘制的局部透视图或轴测图，对局部或细部的做法进行必要的注释和说明。剖面图与平面图也是十分重要的，而且平面图和剖面图经常会被加入彩色与阴影，使之看上去更加直观和形象化。模型通常也是必不可少的。

5. 庭园空间尺度

这是花园与小公园的尺度，通常在 10~100 平方千米范围内，这种尺度的景观设计关注的是细部要素的空间组织，创新性原则尤其重要。为某个特定场所创造独特的空间环境和气氛是此种尺度景观设计的主要目的，设计师在考虑设计因素时要对土地形状、微气候条件、人的活动方式及特点进行较仔细地分析，方案要考虑到地面铺装、墙面质地及色彩、植物种植等各种细节，其中视觉因素起着十分重要的作用。

此尺度仍是以平面图表现为主，但剖面图用于表现场地的微地形变化，透视效果图和轴测图是阐释平面方案细部的重要手段。

6. 景观细部尺度

此尺度涉及的景观面积通常在 1~100 平方千米范围内，实际上这一尺度主要是景观的个体与细部，如铺装细节、材料、色彩、个体植物等。此尺度主要揭示设计师细致的艺术手法与技术的综合表现，检验景观整体的优劣在于其施工图细部组合与施工实施过程中的装配是否合理、精密。

此尺度的设计表达主要靠综合图纸表现，平面图、剖面图及节点施工图是这一尺度表达的主要用图。

（二）依据空间形态分类

从具体设计对象的空间形态角度，现代景观规划设计又可以分为点状景观空间设计、线状景观空间设计以及面状景观空间设计。

1. 点状景观空间设计

点状景观空间设计主要包括住宅的庭园，街头的绿地、小品、雕塑，街心的小公园或者形象鲜明的十字路口以及有特色的各种入口等。其中住宅的庭园主要是在房屋与场地，个人爱好与家庭生活以及视觉审美和精神愉悦等方面，建立和谐而富有一定品质的关系。这种关系的质量可以因时间和环境氛围的不同而变化，也可以因居住者的性情和其中自然要素性质的不同而变化。总体而言，这一类景观的总体特征是景观的空间尺度较小且主体元素突出，能较易被人所感知和把握。

2. 线状景观空间设计

线状景观空间设计主要包括大都市宽阔而繁忙的交通干道、中小城市的步行街道以及沿着水岸的滨水休闲绿地，如海岸与河岸等。另外，从更广阔的范畴来看，线状的景观空间还包括自然界的生物迁徙和进行物质能量交换的生态走廊，所以设计师对线状景观空间的设计也要兼顾到人群行为、视觉审美和环境生态等多方面的内容。

承载繁忙交通的大都市景观大道一方面要组织好机动交通和非机动交通，另一方面要考虑到人们在运动的特殊情况下的视觉特征来组织景观元素，以求获得优美的视觉形象。另外，在景观大道的路边还应考虑种植树木和花卉，以缓解繁忙的交通所带来的生态压力。

城市步行街道承载的功能主要有商业、文化娱乐和休闲场所等内容。步行街的空间尺度往往不是很大，街道宽度（D）与两侧建筑的高度（H）之间的比值，即 D/H≥1 时，步行街的空间较为适宜。步行街上精巧的店面，琳琅满目的广告灯箱，丰富多样的街道家具以及充满趣味的环境小品，都为人们的街道生活提供了充分的物质基础。

滨水面的沿岸景观设计要先考虑防洪，景观的组织也要结合防洪的堤岸。设计师通常会在挑高的堤岸上设置观景平台和步行道路，并在道路两边种植护岸的树木和安置便于游人休息的座椅与凉亭等设施，以满足人们的休闲娱乐需求。线状的生态廊道是为野生动植物预留的、具有一定宽度的、便于其迁徙和进行物质能量交换的通道。在这样的生态廊道中，人们应该对廊道的脆弱性进行客观地评估，并依据评估的结果尽量减少甚至有时完全不在这样的通道中进行人为的建设活动，以此减少人类活动对自然系统的干扰，保护物种的生存，获得更大的生态效应。在我们生存的土地上，连续的河道、高山之间的峡谷以及城市之间的农田都是景观的生态廊道。我们只有尽量保持廊道的连续和畅通，才能在这样的基础上进行适量的景观和旅游开发。

3. 面状景观空间设计

面状景观设计主要是指尺度较大、空间形态较丰富的景观类型，从局部的城市广场到部分的城区，有时甚至是整个城市，都会被作为一个整体的面状景观而进行综合的设计与考虑。因此，面状景观较点状和线状景观更加复杂，可以认为，面状景观就是点状景观和线状景观的整合。在城市中，面状景观主要包括大型公园、繁华的商业区和综合性的居住社区。大型的城市公园是以自然要素为主，以改善城市生态环境为主要目的的景观空间。这一类的景观空间，通常会保持基地原有的生物群落并尽量减少对其的干扰，以求获得最大的生态效应。大型的商业区景观设计主要强调的是对密集人流及其活动、人造景观元素以及其所形成的空间结构进行良好的组织。在这一类的景观环境中，如何组织人流有序的活动并激发其开发丰富多彩的、健康的社会活动是设计的重点。

大型的居住区景观设计主要是围绕如何创造一个适宜人居住的环境来进行的。在景观规划设计之初，设计者就要在充分考虑当地气候特征的情况下，巧妙地利用建筑所形成的视觉走廊、风道、阴影以及当地植物形成各种公共或者私密的户外空间，以便于人们放松身心和休憩。

第三节 园林景观规划设计的原理

一、使用者场所行为心理设计

（一）环境心理学特征

环境行为现象的研究，通过研究环境知觉、环境认知、人的活动与空间及设备的尺度关系、空间行为学（私密性、公共性、领域、拥挤感）等来把握使用者的普遍心理现象。使用者场所行为心理设计主要涉及各种尺度的环境场所、使用者群体心理，以及社会行为现象之间的关系和互动。

（二）行为空间与环境

行为空间是指人们活动的地域界限，它包括人类直接活动的空间范围和间接活动的空间范围。直接活动空间是人们日常生活、工作、学习所经历的场所和道路，是人们通过直接的经验所了解的空间；间接活动空间是指人们通过间接的交流所了解到的空间，包括通过报纸、杂志、广播、电视等宣传媒体了解的空间。

1.气泡

人体上下肢运动所形成的弧线决定了一个球形空间，这就是个人空间尺度——气泡,这是由爱德华·T.霍尔提出的个人空间的概念。人是气泡的内容,也是这种空间度量的单位,也是最小的空间范围。个人空间受到人格、年龄、性别、文化、情绪等因素的影响,人际距离和交往方式密切相关。

2. 拥挤感和密度

在人与人接触过程中,当个人空间和私密性受到侵犯时,或在高密度的情况下会引起一种消极反应与拥挤感。影响人们是否产生拥挤感的因素包括个体的人格因素、人际关系、各种情境因素以及个人过去的经验和容忍性,其中最主要的影响因素是密度。

3. 私密性

私密性是指对生活方式和交往方式的选择与控制,可以概括为行为倾向和心理状态两方面。私密性分为四种表现方式:独处、亲密、匿名和保留。它是人们对个人空间的基本要求。

私密性的功能也可以划分为四种:自治、情感释放、自我评价和限制信息沟通。人们在空间大小、边界的封闭与开放等方面为私密性提供了不同的层次和多种灵活机动的特性。

4. 领域性

领域性是个人或群体为满足某种需要拥有或占用一个场所或区域,并对其加以人格化和防卫的行为模式,是所有高等动物的天性。人类的领域行为有四点作用,即安全、相互刺激、自我认同和管辖范围。

环境设施也具有领域性,确保空间领域性的形成是保证环境的空间独立性、适宜性的基础。例如,亭的存在,设施领域性形成;人们离去,人在亭的领域性消失，亭又转变为公共性空间。

因为空间大体有三个特征：滞留性、随意消遣性和流通性，所以在园林景观设计中要特别注意空间尺度对人心理的影响，设计师可以通过植物、矮墙，或者某些构筑物来增强滞留空间使用者的私密性，也可以通过不提供适宜滞留领域空间来暗示使用者流动空间的性质，从而提高流动空间的效率。

5. 场所

舒尔茨在《场所精神：迈向建筑现象学》中认为"场所是有明显特征的空间"①，场所以空间为载体，以人的行为为内容，以事件为媒介。场所依据中心和包围它的边界由两个要素而成立，定位、行为图示、向心性、闭合性等同时作用形成了场所概念。场所概念也强调一种内在的心理力度，吸引并支持人的活动。例如，公园中老人们相聚聊天的地方、广场上儿童们一起玩耍的地方。从某种意义上来讲，园林景观设计是以场所为设计单位的。设计师设计出有特色的场所，将其置于建筑和城市之间，相互连贯，在功能、空间、实体、生态空间和行为活动上取得协调和平衡，使园林景观具有完整性，并且让使用者体验到美感。

（三）使用者在环境中的行为特征

人的行为往往是园林景观规划设计时确定场所和流动路线的根据，环境建成以后会影响人的行为，同样，人的行为也会影响环境的存在。

1. 行为层次

行为地理学将人类的日常活动行为分为通勤活动空间、购物活动空

---

① 舒尔茨.场所精神：迈向建筑现象学 [M].武汉：华中科技大学出版社，2010：21.

间、交际与闲暇活动空间。

另外的分法是将人类行为进行简单分类，大概可以分为以下三类：强目的性行为，也就是设计时常提到的功能性行为，如商店的购物行为、博览园的展示功能；伴随主目的的行为习性，如在到达目的点的前提下，人会本能地选择最近的道路；伴随强目的行为的下意识行为，这种行为体现了一种人的下意识和本能，如人的左转习惯。

2. 行为集合

行为集合是指为达到一个主目的而产生的一系列行为。例如，在设计步行街时，隔一定距离要设置休息空间，通过空间的变化来消除长时间购物带来的疲劳等。

3. 行为控制

在设计花坛的时候，为避免人在花坛上躺卧可以将尺度设计得窄些。这就是对人的行为的控制作用。

（四）场所与行为

在人与环境的关系中，一方面人会自觉或不自觉地适应现实环境，并且产生行为。而另一方面，我们可以控制和设计一种环境，有意引导人们产生积极、理想的行为。

作为一个完整的设计过程，园林景观设计应从人的行为心理和活动特点出发，以建立良好的整体工作和生活环境。园林景观设计要建立这样的设计观念和思路："依据行为分析、总体分析构成、环境构成、景观要素"①，只有这样才能真正做到使园林环境景观有良好的空间质量和

① 王红英，孙欣欣，丁晗．园林景观设计 [M]．北京：中国轻工业出版社，2021：109。

功能性。在设计中为了很好地发挥场所的效应，要从人的行为动机产生与发展的角度，分析一切行为的内因变化和外因条件。

环境场所要达到上述效应，设计师往往要在设计中增设必要的景观设施，以满足从事各种活动所需的物质条件，并以此来扩大室外空间的宽容性，如坐的空间、看的空间、被看的空间、听的空间、玩的空间等。对于不同人表现出的主动参与、被动参与和旁观者参与的各种行为，景观应起诱导公众积极参与的功能，使"人尽其兴，物尽其用"。

从"场所中人的行为心理分析"中可以看出人们更倾向于在实体边界附近集聚活动。考虑人的行为而设计的不同的景观与休息场所，满足各种不同社交活动的需要。在公共场合中，人们有时希望能有与别人交谈的场所，有时又希望与人群保持一定的距离，有相对僻静的小空间，如依人的需求设计的休息凳椅。因此，设计应提供相对丰富，有一定自由选择范围的环境。

例如，公园的线路设计，在公园的主体建设完成后，剩下部分草坪中的碎石铺路还没有完成。以往在很多地方我们可以发现，游园或草坪中铺设了碎石或各种材质的人行道，但在其周围不远的地方常常有人们踩出来的脚印。这说明我们设计铺设的线路存在一定的不合理性。因此，最佳的做法是等冬天下雪后，观察人们留下最多的脚印痕迹以确定碎石的铺设线路。这既充分考虑了人的行为，又避免了不合理铺设路线对财力物力的浪费。在规划设计中，良好的处理方法是充分考虑人的行为习性，按照人的活动规律进行路线设计。

（五）使用者对其聚居地的基本需要

1. 安全性

安全是人类生存的最基本的条件，包括生存条件和生活条件，如土地、空气、水源、适当的气候、地形等。这些条件的组合要可以满足人类在生存方面的安全感。

2. 领域性

领域性可以理解为在保证有安全感的前提下，人类从生理和心理上对自己的活动范围，要求有一定的领域感，或领域的识别性。只有领域确定，人们才有安全感。在住区、建筑等具有场所感的地方，领域性体现为个人或家庭的私密或半私密空间，或者某个群体的半公共空间。一旦有领域外的因素入侵，领域感受到干扰，领域内的主体就会产生不适感或戒备因素。领域性的营造可以通过植被的设计运用实现。

3. 通达性

远古人们无论是选择居住地，还是修建一个舒适的住所，都希望拥有可以观察四周的视线和危险来临时迅速撤离的通道。现在，人们除了有安全舒适的住所外，一般来讲，在没有自然灾害的情况下，人们一样会选择视线开阔，能够和大自然充分接触的场所，即在保证自己的领域性的同时，希望能和外界保持紧密的联系。

4. 对环境的满意度

人们除了心理和生理上的需求外，还有一种对环境难以描述的满意度，可以理解为对周围的树林、草坪、灌木、水体、道路等因素的综合视觉满意程度。人们虽然无法提出详细、具体的要求目标，但对居住地和住所有一个模糊的识别或认可的标准。例如，人们对环境的满意度可以划分为喜欢、不喜欢、厌恶；满意、一般、不满意等。

行为心理学是景观设计过程中内在的原则之一，它虽然不直接指导具体的设计思路，却是方案设计和确定的基础，否则设计的方案只是简单的构图，不能很好地给使用者提供舒适的活动空间和场所。此外，简单的构图创作除了不能满足使用功能外，还会造成浪费大量项目建设资金以及管理不善引起的资金流失。

二、场所空间应用设计

场所空间是我们人类所有行为的场所。设计者在设计过程中使用"空间"这个词，是用来形容由环境元素中的边线和边界所形成的三维的空处、场所或空洞。场所空间的创造是园林设计的基本目的。在用地规划、方案设计、景区布置时，设计师理清各功能区之间的功能关系及其与环境的关系后，还需将其转化为功能性的可用空间。

（一）感受场所空间

场所空间指的是为人提供公共活动的空间，如街道、广场、庭院、入口空间、娱乐空间、休息空间、服务空间等。因此每个空间都有其组成的基地元素，如地面、植物材料、人行道、墙体、围栏以及其他的结构的不同，使其具有特定的形状、大小、材质、色彩、质感等性质。这综合地表达了空间的质量和空间的功能作用，影响并塑造了人们对城市环境空间的视觉感受。

空间包含地面、顶面、垂面三个组成部分。一个成功的场所空间营造就是要采用合适的材质对三个面赋予、安排，如地面可以采用不同色彩的地砖、草坪（地砖可以有不同的形状、大小、颜色；草坪可以有不同纹理等特点）；顶面可以采用硕冠的乔木，凉亭、棚架、藤架等；垂面的构成可以采用小乔木、栅栏或矮墙加藤类植物等。在设计中结合色彩、质地、纹理等方面采用不同的素材，并加以适当的安排可以成功地营造出人性化的场所空间。

现代城市往往过分强调建筑单体和城市的功能，而忽略公共空间中人的活动，忽略庇护与场所的作用，如在空旷的场地上竖起一堵墙，就有了向阳面和背阳阴影面，在不同季节和气候下，或沐浴阳光，或纳凉消暑，人们各得其所。景观中对围护面的合理布局，将有利于创造户外宜人的空间。

场所空间会让人形成对特定空间的审美知觉。当人们活动于其中时，又会以自己前后左右的位置及远近高低的视角，在对周围建筑景观的观看中形成各种不同的空间感受及空间的心理审美。

（二）空间的形式

园林空间有容积空间、立体空间以及两者相合的混合空间。容积空间的基本形式是围合，空间为静态的、向心的、内聚的，空间中墙和地的特征较突出。立体空间的基本形式是填充，空间层次丰富，有流动和散漫之感。例如，草坪中的一片铺装或伸向水中的一块平台，因其与众不同而产生了分离感。再如，一块石碑坐落在有几级台阶的台基上，因其庄严矗立而在环境中产生了向心力。由此可见，分离和向心都形成了某种意义与程度上空间。

（三）空间组织

空间组织包括空间个体和空间群体两方面。空间个体的设计中应注意空间的大小和尺度、封闭性、构成方式、构成要素的特征（形、色彩、质感等）以及空间所表达的意义或所具有的性格等内容。空间群体的设计则应以空间的对比、渗透、序列等关系为主。

1. 空间的尺度与大小

尺度是空间具体化的第一步。在场所空间被使用的时候，应该以人为尺度单位，考虑人身处其中的感受。在人的社交空间中，尺度的界限也存在。

从人际交往关系看，0.45 米是较为亲昵的距离；0.45~1.3 米是个人距离或者私交距离；3~3.75 米是社会距离，指和邻居同事之间的一般性谈话距离；3.75~8 米为公共距离；大于 30 米的距离是隔绝距离。

从另一角度看，20~25 米见方的空间，人们感觉比较亲切，能辨认出对方的脸部表情和声音。距离超出 110 米的空间，肉眼只能辨别出大致的人形和动作，这一尺度也称为广场尺度，超出这一尺度，就会形成宽阔的感觉。390 米的尺度是创造深远宏伟感觉的界限。

空间的大小应视空间的功能要求和艺术要求而定。大尺度的空间气势壮观，感染力强，使人肃然起敬，多见于宏伟的自然景观和纪念性空间。大尺度的空间也是权力和财富的一种表现与象征，小尺度的空间较为亲切怡人，适合于大多数活动的开展，在这种空间中交谈、漫步、坐憩常使人感到舒坦、自在。

2. 空间的围合与通透

空间的围合与通透程度，首先与垂直面的高度有关，垂直面的高度分为相对高度和绝对高度。相对高度是指墙的实际高度和视距的比值，通常用视角或高宽比 D/H 表示。绝对高度是指墙的实际高度，当墙低于人的视线时空间较开敞，高于人的视线时空间较封闭，空间的封闭程度由这两种高度综合决定。

空间的围合与通透程度的另一因素是墙的连续性和密实程度。同样的高度，墙越空透，围合的效果就越差，内外的渗透就越强。垂直面的位置设置、组织方式对人的行为也有很大影响，不同位置的墙面所形成的空间封闭感也不同，其中位于转角的墙的围合能力较强。另外同样一堵墙，在它中间开个口时，对人的视线与行为引导就不一样，他能使空间由静止转变为流动，由闭塞转向开放。

3. 空间的实与虚

通过空间的垂直墙面可以创造空间的虚实关系。

（1）虚中有实

以点、线、实体构成虚的面来形成空间层次，如马路边上的人行道树、广场中照明系统、雕塑小品等都能产生虚中有实的围护面，只是对空间的划分较弱。

（2）虚实相生

墙面有虚有实，如建筑物的架空底层、景廊大门等，既能有效划分空间，又能使视线相互渗透。

（3）实中有虚

墙面以实为主，局部采用门洞、景窗等，使景致相互借用，而这两个空间彼此较为独立，如商业区的骑楼建筑。

（4）实边漏虚

墙面完全以实体构成，但其上下或左右漏出一些空隙，虽不能直接看到另一空间，但却暗示另一个空间的存在，并诱导人们进入。

4.空间的限定对比形式

空间与空间之间通过差异化的设计，可以让人产生不同空间感觉和体验。

覆盖空间：设计用植物或建筑小品等材料设置在空间的顶部产生覆盖效果。

设置空间：一个广阔的空间中有一棵树，这棵树的周围就限定了一个空间，任何一个物体置于原空间中，都起到了限定的作用。

隆起和下沉空间：高差变化也是空间限定较为常用的手法，如主席台、舞台都是运用这种手法使高起的部分突出于其他地方。下沉广场往往能形成一个和街道的喧闹相互隔离的独立空间。

地面材质的变化：相对而言，变化地面材质对于空间的限定强度不如前几种，但是运用也极为广泛。例如，庭院中铺有硬地的区域和种有草坪的区域会显得不同，两个空间，一个可供人行走，而另外一个不可以。

5.层次与渗透

空间的层次有向深部运动的导向，一是利用景观的组织使环境整体在空间大小、形状、色彩等的差异中形成等级秩序，如中国群体空间中多级多进的院落，在空间中分出近、中、远的层次，引导人们的视线进行向前、向远的渗透，从而吸引人们前进。二是从人的心理角度，建立起与环境认知结构相吻合的空间主次的划分，利用实体的尺度和形式有效划分空间，表现并暗示相关空间的重要性。三是以实体的特殊形式塑造环境的主角，尽管尺度相对小，但往往能从环境中脱颖而出。

没有层次就没有景深。中国园林景观，无论是建筑围墙，还是树木花草、山石水景、景区空间等，都喜欢用丰富的层次变化来增加景观深度。层次一般分为前（景）、中（景）、后（背景）三个大层次，中景往往是主景部分。当主景缺乏前景或背景时，便需要添景，以增加景深，从而使景观显得丰富。

空间层次的另一含义是讲究领域的组织，城市的环境空间要满足不同类型的领域的要求，如儿童乐园、老年人聚会场所等。设计师可以在广场的周边设立些提供庇护、不受侵犯的小空间，以确保小范围的交际需求，体现对人的更多关怀。

空间的划分能丰富空间层次、增加景的多样性和复杂性、拉长游程，从而使有限的空间有扩大之感。

6. 空间的引导与序列

序列是指依据人的行为，空间上按功能依次地排列和衔接，时间上按前后相随的次序逐渐过渡，景物的步移最易造成感觉，将人的行为转换成空间与之相对应。如何在空间的过渡中充分体现空间层次的序列变化，以景观节点形成连串的视觉诱导和行为激励，呈现一种向既定目标运动的趋向呢？

中国传统的空间序列"有起有伏，抑扬顿挫，先抑后扬"，不仅满足使用功能，而且能让人获得良好体验。空间序列的组成一般有四个阶段：起始阶段、铺陈阶段、高潮阶段、终结阶段。

环境设计往往采用直接的方式，以良好的视觉导向，利用色彩、材质、线条等形成方向暗示，如铺地、绿化等组合；以开合、急缓、松紧等有节奏的配置形成空间的序列，如步行街、庭院等的设计，虽然不必追求强烈的空间序列感，但通过空间形态的收放、重复等变化加强空间的节奏，使平淡的空间更亲切、更具魅力。

在绿化配置上，通过时而密植上中下层次的植物、时而开敞的草坪、丛植和孤植等植物配置来体现这种空间的疏密对比。

从导向性角度分析，空间设计中通过有意的引导和暗示能指引人们沿着一定的方向路线，从一个空间到另一个空间，获得了"柳暗花明又一村"的意境。例如，想看热闹时向有活动的地方聚集，疲劳时寻觅休息地，避风雨，选择有绿荫的空间，寻找具有社会认同的空间。一个建筑、一片水体、一件小品、一棵大树、一处色彩与材质的变化，在空间中都可能因为与周围环境的区别而备受关注，成为对人的行为的诱导。

第三章 生态背景下植物景观规划设计

植物景观主要是由自然界的植被、植物群落、植物个体所构成的景象，通过人们的感官传到大脑皮层，使人们产生一种实在的美的感受和联想。植物景观按形成可分为自然植物景观和栽培植物景观两大类型。

植物景观设计，即植物造景，是应用乔木、灌木、藤本及草本植物来创造景观，充分发挥植物本身的形体、线条、色彩等（也包括对植物进行整形修剪），打造成一幅幅美丽动人的画面，供人观赏。栽培植物景观的构建，是在植物配置基础上的艺术创造。植物景观设计是以植物的个体或群体美来创造各种景观，包括利用、整理和修饰原有的自然植被以及对单株或植物组合进行修剪整形。完美的植物景观设计必须是科学性与艺术性的高度统一，即整合植物分类、植物生态、植物学等学科，提高植物造景的科学性，使得植物与环境形成统一性，并通过艺术手段，体现出植物个体及群体的形式美，使人们在欣赏时产生意境美。

第一节 园林植物的生态构成

种群是生物种在自然界存在的形式和基本单位，植物种群是植物群落结构和功能的基本单元，是具体群落地段上生态位的实际占有者，同时在不同的群落生态背景中适应分化。

种群研究始于对植物种群的研究，卡里·纳格尔利早在 1874 年就发表了关于植物种群数量动态的论文。但是，由于植物个体边界的不确定性、繁殖方式复杂、世代重叠等生物学特性，这一研究中断了。之后，种群研究一直以动物种群为主导。直到哈珀等人提出构件理论以后，植物种群与动物种群的研究才融会贯通起来。

一般来说，种群具有以下三个基本特征：其一，空间特征。种群具有一定的分布区域、分布形式和空间等级结构。其二，数量特征。种群在单位面积上（空间内）有一定的个体数量，并将随时间的变化而变化。其三，遗传特征。种群由特定的基因构成，种群内的所有个体具有一个共同的基因库，基因频率在空间分布上有典型的特点，并随时间的变化而变化（进化）。

一、种群概念和植物种群的特点

种群是一个特定区域中由一个或多个物种构成的具有独特性质的生物群体。自然种群的数量统计往往是群落分析的基础。因此，首先应明确种群的概念及植物种群的特点。

（一）种群的概念

种群的一般概念是"同物种个体的集合"，指某一特定时间、某一特定区域中由同一物种构成的生物群体。它们具有共享同一基因库或存在潜在随机交配能力的独特性质。植物种群的概念与此相符。不同的学科领域往往用不同的名词来表示种群这个概念，如在分类及系统生物学中用"居群"，在遗传学中用"群体"（群体遗传学领域），还有用"人口""虫口"，等等。

种群一方面可以从抽象的意义来理解，仅指个体组合成的集合群，如奥德姆（Odum）划分的生命系统等级层次中所指的概念。另一方面，种群应用于具体的对象，在这种情况下，种群在时间和空间上的界限多少是以研究是否方便来划分，具有很大的人为随意性，这便使种群的边界变得模糊不清，也在一定程度上扩大了种群的概念，造成一定的混乱。况且，这种人为的划分可能忽略了种群分布的连续性，不能真实地反映种群的结构。但在确定种群时，人为主观因素的介入是不可避免的。现代种群的含义，实际上是"自然种群""实验种群""理论种群"三位一体相互补充构成的。

（二）种群的特征

种群的基本特征包含遗传和生态两方面，遗传方面指的是保持种群内个体间遗传内聚力的随机交配，是种群保持物种独立界限和共享同一基因库的基础；生态方面指的是种群的生态特性，是描述具体种群生态特质的基础，具体包括以下几方面：

（1）空间性质：区域的和生长的空间范围和边界，以及相应的生态耐受性和个体间亲缘关系的远近。

（2）数量特征：丰度、密度、个体或集合的大小、生物量等。

（3）分布性质：一个区域内同质或异质的分布。

（4）物候学特征和节律性：种群在完成其生长和生命周期中的生命

力大小与成功的程度，以及种群在年代和季节方面的特性。

（5）"群居"性质或社会性质：种群密度下降到某一临界值时，其繁殖力随之下降。

（6）关联性：种内和种间关系，如传粉、捕食、竞争等。

（7）动力学性质：表现为繁殖、死亡和迁入迁出等，即种群的时间动态和空间扩张与收缩。

需要指出的是，种群虽然由个体组成，但个体存在的时间与种群的历史根本无法相提并论，种群并不等于个体的简单相加，种群具有自己的突现特性，如数量统计特征、空间格局、种群行为、遗传变异和生活史对策等性质。

（三）植物种群的特性

与动物不同的是，植物的生态生物学特点是固着生长，个体不能移动；自养性营养；具有无限的分生生长和多样的繁殖系统；具有构件结构和可塑性。因此，植物种群在数量特征、空间分布等方面具有一定的特殊性。

1. 植物是固着生长的自养性生物

众所周知，植物是固着生活的生物，绝大多数植物是自养性生物，植物生长所需的资源（光照、水分、各种营养物质等）只能从生长地周围获得。因此，植物与环境及植物间的相互作用具有空间局限性。植物以其地下部分固定自身，一旦定居下来就不能移动，只能以传播体进行迁移。漂浮植物可随水流漂移，具种翅、冠毛的种子可随风飞舞，某些植物的枝叶在外界刺激下会产生"行为"，但植物都不具有像动物个体那样逃避不利环境的自主移动性。植物只能以分化适应来应对环境变迁，主要靠控制组织器官生长的方向和数量来调整对空间的利用与回避不利影响。植物地上部分和地下部分的空间排列决定了对光、水和营养物质的利用效率，这对个体的适应和生存具有重要意义。因此，植物种群的数量和动态与空间密切相关，空间异质性对植物种群的影响较为深刻。

2. 植物体具有无限分生的能力

在植物发育过程中，植物体内的细胞在结构和功能上发生变化，在这个过程中，具有分生能力的细胞构成分生组织，包括茎、根和侧枝的顶端，如使茎增粗的形成层和木栓形成层，以及单子叶植物茎和叶中的居间分生组织。从分生组织的来源来看，植物的分生组织有原生、初生和次生之分。原生分生组织是胚细胞保留下来的，初生分生组织是原生分生组织刚刚衍生形成的，而次生分生组织是由成熟组织的细胞（薄壁细胞）分化而形成的。由此可见，多种分生组织使植株具有不断生长的能力，叶片脱落、枝根折断或者根系受损都能自我修复，能重复所经历的发育过程。更重要的是，植物的无限分生能力使植物可通过植株的某个部件复制出一个完整的个体，即无性系生长。

3. 植物是构件生物

20世纪70年代，哈珀等人在进行浮萍的培养实验中提出了构件生物（Modular Organism）和单体生物（Unitary Organism）的概念，这是对生物个体特性再认识的结果。单体生物指的是一个合子经胚胎发育后成熟的生物体，其器官组织各个部分的数量在整个生命阶段中保持不变，它们只存在大小不可逆转的增长，在形态结构上保持高度的稳定。

构件生物的合子在发育成幼体后，在其生长发育的各个阶段，可以通过其基本结构单位的反复形成而得到进一步的发育，如高等植物和某些低等动物。

构件理论强调同时从基株和构件两方面来认识植物种群的数量动态。基株是基斯和哈珀首先采用的术语，用来描述一个合子发育的全部产物，即遗传学个体（Genetic Individual）。不管合子产物的大小如何，或者通过无性增殖形成了怎样的无性系，都只是一个基株。基株是与构件相对的术语，用于描述由构件结构形成的整个植物体。从广义上讲，植物体上凡是具有潜在重复能力的亚单位均可视作构件，包括脱离母体可独立生长的无性系小株或分蘖，甚至是不同龄的小枝、叶和芽等，具体可依据植物的特性和研究目的，自由选择合适的构件单位。另外，构件之间具有个体间相互竞争资源的现象。

4. 植物的生殖方式复杂多样

植物的不可移动性使研究者更容易跟踪植物的生存或死亡，但是，在外界（非生物或生物）的刺激下，植物可以通过无性方式自我繁殖，或增长自身的部件（花、叶、根茎、枝条等）。

通常情况下，植物的生殖方式有有性和无性之分。首先，植物个体的性别不如动物明显，性别的表现也更为多样和复杂，且具有高度的易变性。显花植物的单朵花具有两性花、单性雄花和单性雌花之分，单株植物的性别表现可分为七种类型，种群的性别表现有单型和多型之分。自然条件下植物的有性生殖过程，有专性自交的种（异交率小于 0.10）、专性异交的种（自交率小于 0.05），以及自交和异交混合型的种。植物种群的交配系统是由自交到异交连续的过渡谱带构成的。不同植株或同一植株的不同花之间的交配都可称为异交。异交的个体间存在亲缘关系的远近，可进一步区分出远交和近交。从植物花粉传播的途径来看，有风媒和动物传粉之分；从生殖次数来看，有一年生一次结实、多年生一次结实和多年生多次结实之分。

许多植物都具有无性生殖的能力，即营养增殖，也称无性系生长，通过营养生殖体，如珠芽、匍匐茎、根茎、枝条、分蘖株等形成新的植株，并与原来的植株保持一致的基因型。营养生殖体具有的休眠芽常隐藏在地下，保护植物度过环境条件不利的阶段，因此植物的生活史特征成为植物种群进化策略最重要的方面。由于植物中无性生殖的普遍存在，长寿命植物的种群多由年龄复合、世代重叠的个体组成。

5.植物具有高度的可塑性和生态耐受性

植物的生长具有高度的可塑性（Plasticity）。若环境条件不同，同一种群不同植株间的生物量相差很大，如个体大小、产籽数量等可相差若干数级，生殖的年龄和次数也会随环境条件发生较大的波动。在不同的环境条件下，植物体在形态上的分化程度也不同，也就是说，植物的形态变异中有较多的环境饰变成分。在环境胁迫下植物不能通过趋避行为逃避不良影响，只能在进化过程中形成较高的生态耐受性，以生理调节提高生活力，甚至以构件的死亡为代价，保存基株的世代延续。

二、植物群落的概念及组织原则

（一）植物群落的概念

植物群落是指某一地段上全部植物的总和。它具有一定的结构和外貌、一定的种类组成和种间的数量比例、一定的生态环境条件，并执行着一定的功能。环境影响植物与植物、植物与环境之间的关系。在空间上，群落有着一定的分布面积；在时间上，群落是一个发展演进的过程。群落作为绿地基本构成单位，只有经过科学、合理的构建才能形成稳定、高效的绿地环境，才能更为有效地改善气候环境。

植物群落的多层结构可分为三个基本层：乔木层、灌木层、草本及地被层。复层群落结构相较其他植物配置类型能发挥更好的降温效果，以达到微气候调节设计的目的。在城市中恢复、再造近自然植物群落，在生态学、社会学和经济学上都有着重要意义。第一，群落化种植可以提高叶面积指数，更好地增加绿量，起到改善城市环境的作用。第二，植物群落物种丰富，在生物多样保护和维护城市生态平衡等方面意义重大。第三，模拟自然植物群落，建植城市生态景观相协调的近自然植物群落，能够创造清新、自然的城市园林环境，给人以优美、舒适的心理暗示并缓解压力，创造出良好的人居环境。第四，植物群落可减低绿地养护成本，且节水、节能，能更好地实现绿地经济效益，这对提高城市绿地质量具有重要的现实意义。

园林植物群落由多种植物组成，是植物的集合结构。不同植物对外界的适应力各不相同，一旦形成统一体，就能增加它们的适应能力。

植物群落是生态系统的一个构成体，除了本身植物种类的类别差，还可以形成水平与垂直结构，随着四季变化，形成一种动态的结构特征，花开花落循环往复，不断演替和发展。植物生长需要一定的空间环境，而群落需要特定的气候条件、分布范围才能形成稳定的结构，一旦稳定便可在改善气候上发挥巨大的作用。植物群落的边界可以限定一个群落的大小，有些群落有明显的边界，可以明显区分，但有的无明显边界，通常是几个群落混合在一起，甚至形成更大的群落结构，这类群落的生态效益更加显著。一旦形成植物群落，群落内的植物物种则会和谐共生，扬长避短，如高大乔木为小乔木及灌木遮风挡雨，灌木与地被则保护着乔木的根系部分，使其不易被破坏。

由此可见，单单把植物种植在一起并不能形成所谓的植物群落，只有经过种群的选择，让合适的植物互惠共生，才能形成稳定的系统。在微气候调节设计植物群落时，一定要确定种群与种群之间的关系，不能形成一种植物独大的情况，也不能出现某种植物危害其他物种的生存发展空间的现象。

（二）植物群落的组织原则

1.挖掘植物特色和丰富植物种类

植物多样性是生物多样性的基础。目前，在进行植物景观设计的过程中存在许多不当的行为，如为了追求立竿见影的效果，放弃了许多品质优良但生长稍慢的树种，导致植物群落的结构单一。其实，每种植物都有其他植物无法取代的特点，植物没有好坏之分，关键是合理地运用这些植物，将其放置在适当的位置，发挥它们的功效。所以在植物群落物种配置时，我们要在可以选择的物种中多量选择，同时挖掘与了解所选植物的特性与生长条件，争取与其他植物合理搭配，让其发挥更好的效果。例如，落叶乔木可以和常绿乔木结合，落叶乔木本身色彩较为丰富，可以装点空间，但冬季会变得光秃秃，这时常绿植物就成为主导，使得整个植物群落仍具有生命力，这两类植物一般安排在复合群落的上层结构。另外，乡土植物对于本地区域环境具有极强的适应力，大力倡导运用乡土树种可以丰富植物多样性，也可以使植物群落更具地方特色，形成具有文化底蕴的自然景观。

2. 构建丰富的复层植物群落结构

由于空间与气候的限定，城市中的绿地只能配置单一结构的植物群落。单一植物群落由于种类的缺失，无法丰富和稳定生态群落系统。这种配置的植物群落不但起不到调节气候和环境的作用，反而会引起相反效果，如病虫害的增多、漂浮的植物絮状物引起过敏反应等。在此情况下，人们为了营造更好的生活环境，必然会加强病虫害的治理，加大农药的投放，使得大气环境进一步恶化，或是进行树木的养护，极为耗能。在此背景下，构建丰富的复层植物群落结构尤为重要。根据生态学所描述的原理，种类多样性可以稳定群落。所以，在园林景观微气候调节设计中，为了寻求园林绿地的稳定发展，必须丰富群落物种，以提高植物群落内的生物多样性。提高生物多样性能够增强群落的抗逆性和韧性，避免强势物种的侵入而导致不良反应，从而形成更稳定的生态系统。

构建丰富的复层植物群落结构除了能够提高环境质量，还可以保护一些珍稀植物。良好的复层结构可以让植物充分利用光照、热量、水势、土壤肥料等自然资源，构建极具生态效益的微气候环境。复层结构群落所形成的环境，不仅给人类的生活带来益处，也为微生物、动植物提供良好的居所。

3. 适地适树的原则

植物在其生长发育中形成了独特的适应能力，这种特性属于植物属性，一旦形成则很难更改，并以一种客观规律延续下去。所以配置植物的时候要多加注意植物的特有属性条件。例如，使用乡土植物相当便捷，能够节省适应时间，直接投入使用；运用其他植物种类，则需要进行研究和实地考察，在确定其具有一定的适应性后方能纳入景观设计方案。根据适地适树的原则，设计园林植物时应避免种植不适应本地土壤与气候条件的植物。任何植物生长都依附于环境而进行。同样，环境中各种因素对于植物的生存发展都有着直接或间接的影响。园林植物生长情况虽然与后期管理相关，但栽植前生态环境的预测、树种之间的搭配却直接关系到植物成活与否，所以在园林建设中，必须掌握好各种植物的生长习性，使其生长在适合它们生长的环境中。例如，喜阳植物种植在阳光下，耐阴植物种植在阴暗处，喜湿植物靠近水源，耐旱植物则不能多浇水，等等。在配置时，不能盲目引进和推广外来植物，要多注重使用乡土植物。

4. 符合植被区域自然规律

在进行植物景观微气候调节设计时，景观设计师应该参照城市中自然生长的植被所形成的规律，并观察郊区无人管理的植物演替趋势，尽量模拟自然群落，给植物创造出在大自然中生长的条件。

5. 遵从"互惠共生"原理协调植物之间的关系

不同的植物生长在一起，要经过一个阶段的磨合期，以达到长期的互惠共生状态。所以对于植物的配置，需要考虑植物之间的相互关系，尽量选择可以相生，或相安无事的植物，避免相克的植物生长在同一片区域，以构建和谐的绿地植物群落。植物的生长习性，除了与环境息息相关，还要重视自身的生长特点以及种内和种间的关系。尤其是生长慢、寿命长的乔木，种植入地后不能轻易更改，所以，设计师要事先研究分析后方能确定使用。种植时了解其生长习性，如生长的速度、根系生命力、树冠的大小、喜光还是耐阴、耐湿或是耐干等，处理好种内与种间的关系，将有利于植物的生长，也会让该植物千百年地稳定延续下去。

第二节　生态园林植物的选择

一、园林植物的生态适应性

（一）生态型和生活型

同种生物的不同个体，长期生长在不同的生态环境中，发生了趋异适应，并经自然和人工选择，分化形成生态、形态和生理特征不同的基因型类群，被称为生态型。生物分布区域和分布季节越广，生态型就越多，适应性就越广。

生态型的种类有以下三种：

（1）气候生态型，即长期适应不同光周期、气温和降水等气候因子而形成的各种生态型，如早稻与晚稻。

（2）土壤生态型，即在不同的土壤水分、温度和肥力等自然与栽培条件下所形成的生态型，如陆稻和水稻。

（3）生物生态型，即在不同的生物条件下分化形成的生态型，如在病虫发生区培育出来的动植物品种，一般有较强的抗病、抗虫能力；而在无病、无虫区培育出来的品种抗病、无虫能力就差。

生活型是指不同种的生物，由于长期生活在相同的自然生态条件和人为培育条件下，发生了趋同适应，并经自然和人工选择形成具有类似形态、生理和生态特性的物种类群。生活型是种分类单位，如具有缠绕茎的藤本植物，虽然包括许多植物种，但都是同一个生活型。分类学上亲缘关系很近的植物，可能属于不同的生活型，如豆科植物中的槐树、合欢（落叶乔木）、湖枝子（灌木）、大豆，它们不是同一个生活型。

（二）生态位

生态位是指物种在生物群落中的地位和作用，是生物栖息环境再划分的单位——生态环境的一个亚单位。生态位作为生物单位（个体、种群），其生存条件的总集合体分为基础生态位和现实生态位。基础生态位指生物群落中能够为某一物种所栖息的理论最大空间。实际上，很少有物种能占据全部的基础生态位，当有竞争者存在时，物种只占据一部分基础生态位，其实际占有的生态空间即该物种的现实生态位。生态环境中参与竞争的种群越多，物种占有的现实生态位就越小。

（三）园林植物适应环境的方式和机制

园林植物对环境的适应，表现为植物的生存、繁殖、活动方式和数量。另外，植物还具有积极适应、利用和改造环境的能力，这种能力帮助它们获得在现实环境中发展的能力。主要体现在以下几方面：

1.园林植物的耐性补偿作用

耐性补偿作用是指园林植物群体经一定时期的驯化后，可以调整、改变其生存和生命活动的耐性限度与最适范围，以克服和减少外界因子的限制作用。这种作用方式可能存在于植物群落水平，也可能存在于植物种群水平。

（1）植物群落层次的耐性补偿作用。由于群落中不同种群对环境的最适范围和耐性限度不同，因此通过相互的补偿调节，可以扩大群落活动的耐性范围，从而保持整个群落有较稳定的代谢水平和多样性。所以，群落比单一种群具有更广的活动范围和耐性限度。

（2）植物种群层次的耐性补偿作用。在一个种内部，耐性的补偿作用常表现在该种具有多个生态型上。一个种可以通过驯化产生适用于不同地区条件的生态型，克服某些环境因子的限制作用。园林植物品种大多是经长期驯化的结果，对当地的自然环境条件具有较强的适应能力。病菌中某些生理小种的产生，就是通过耐性补偿作用对农药药性发生适应的结果，这在植物保护中是必须考虑的因素。

还有些植物可以通过生理过程调节和行为适应等方式达到耐性补偿。当环境不适应时，可进入不活跃状态，如休眠、落叶、产生孢子、产卵等，即通过生理调节来克服不利因子的限制。

2. 利用生存条件作为调节因子

园林植物可以改变自身的活动规律，以适应自然环境的节律性变化，从而减轻环境的有害作用，获得生存和发展，植物通常表现出的光周期现象就是利用日照长度来调节自身活动的明显例证。许多植物的花芽分化、开花、休眠等都受日照长度的调节。在雨量少而不稳定的沙漠上，只有达到一定降雨量时，一些一年生的植物才能发芽，并迅速完成其生长史，这也是一种高度的适应。

3. 形成小生态环境以适应生长环境

在大的不利环境中，生物能创造一个有利的小生态环境，以保证自身的生存需要。在一个种群内部，成年树能遮光蔽荫，为种子的萌发、幼苗的生长发育提供条件。当小苗长到一定程度后，种群密度过大，此时，种群内部一些个体发育不良的植株死亡，就会表现出自疏现象。生物从以上诸方面对环境条件进行积极适应，为自身创造了发展和生存的可能与条件，但是，这种作用的范围是有限的，同时需要一个适应的过程。

（四）园林植物对各生态因子的适应

1. 园林植物对光的适应

（1）园林植物对光照强度的适应。在自然界，一些园林植物在强光照条件下才能良好地生长发育，而另一些在较弱的光照条件下才能良好生长。依据植物对光照强度的要求不同，可以把园林植物分为阳性植物、阴性植物和耐阴植物三大类。

①阳性植物：这类植物的光补偿点较高，光合速率和呼吸速率也较高，在强光条件下生长发育良好，而在树荫和弱光下发育不良。这类植物多

为生长在旷野、路边、森林中的优势乔木，草原及荒漠中的旱生、超旱生植物。高山植物也属于此类型，如黑松、落叶松、金钱松、水松、水杉、侧柏、银杏树、核桃树及柳属、杨属树木等。

②阴性植物：这类植物具有较低的光补偿点，光合速率与呼吸速率也较低，具有较强的耐阴能力，在树荫下亦可正常更新。这类植物多生长在密林或沼泽群落的下部，生长季的生态环境较湿润，因此往往具有某些湿生植物的形态特征，如蕨类植物、天南星科植物、冷杉属、椴属、黄杨属、杜鹃花属、八仙花属、罗汉松属及紫楠、香榧、蚊母树、海桐、枸骨等。

③耐阴植物：这类植物在光照充足时生长最好，稍受荫蔽时不受损害，其耐阴的程度因树种而异，如五角枫、元宝枫、桧柏樟、刺槐、春榆、赤杨、水曲柳等。树种的耐阴性受到个体的年龄、气候、土壤等因子的影响，会出现一定幅度的变化。

（2）园林植物对光照时间的适应。园林植物个体各部分的生长发育，如茎部的伸长、根系的发育、休眠、发芽、开花、结实等，受到每天光照时间长短的控制。依据一年生植物花芽分化与开花对光照时间的反应，可以分为长日照植物、中日照植物、短日照植物三大类。

①长日照植物：这类植物在生长发育过程中，每天需要的日照时间长于某一定点，才能正常完成花芽分化，开花结实。在一定的日照时间范围内，日照越长，开花结实越早。反之，若光照时间不足，植物就会停留在营养生长阶段，不能开花结实。春夏开花的植物大多是长日照植物，如令箭荷花、唐菖蒲、大岩桐、凤仙花、紫苑、金鱼草等。

②中日照植物：这类植物的花芽分化与开花结果对光照长短反应不

敏感，其花芽分化与开花结实与否主要取决于体内养分的积累，如原产于温带的植物月季、扶桑、天竺葵、美人蕉、香石竹、百日草等，均属于中日照植物。

③短日照植物：这类植物在其生长发育过程中，需要短于某一定点的光照才能正常完成花芽分化，开花结实。在一定范围内，暗期越长，开花越早，光照时间过长，反而不能开花结实。这类植物多产于低纬度地区，如秋菊、苍耳、一品红、麻类等。

植物完成花芽分化和开花要求一定的日照长度，这种特性主要与其原产地在生长季的自然日照长度有密切关系，一般长日照植物源于高纬度地区，而短日照植物源于低纬度地区。如果原产于低纬度地区的园林植物向北迁移，其营养生长期相应延长，树形长得比较高大。反之，原产高纬度地区的植物向南迁移，则营养生长期缩短，树形较矮小。

（1）园林植物对极端温度的适应。

①园林植物对低温的适应：长期生长在低温环境中的植物通过自然选择，在生理与形态方面表现出适应特征。在生理表现方面，通过减少细胞水分，增加细胞中的糖类、脂肪和色素类物质，降低冰点，以增强抗寒能力；在形态表现方面，耐寒类植物的芽和叶片常受到油脂类物质的保护，或芽具有鳞片，或植物体表生有蜡粉和密毛，或植株矮小呈匍匐状、垫状或莲座状，以增强抗寒能力。

②园林植物对高温的适应：植物对高温的适应也表现在生理和形态两方面。在生理表现方面，植物通过降低细胞含水量增加糖和盐的浓度，以减缓代谢速率、增加原生质的抗凝结力，或通过较强的蒸腾作用消耗大量的热以避免高温伤害；在形态表现方面，植物叶表有密茸毛和鳞片，

或呈白色、银灰色，或叶革质发亮以反射阳光，有些植物在高温条件下通过叶片角度偏移或叶片折叠来减少受光面积。

（2）昼夜温差与温周期现象。温周期现象是指植物对温度昼夜变化节律的反应。植物白天在高温强日照条件下充分地进行光合作用，积累光合产物，晚上在较低的温度条件下呼吸作用微弱，呼吸消耗少，所以在一定范围内，昼夜温差越大，越有利于植物的生长。

（3）季节变温与物候现象。在各气候带，温度都随季节变化而呈现规律性变化，中纬度的低海拔地区最为明显。植物的发育节律随气候（尤其是温度）季节性变化而变化的现象叫作温周期现象，如许多园林植物在春季随温度稳定上升到一定量点时开始萌芽、现蕾，进入夏季高温时开花、结实，随之果实成熟，于秋末低温时落叶，当温度稳定低于一定量点时进入休眠。所以，植物的物候现象是与周边的环境条件，尤其是温度条件紧密联系的。

3. 园林植物对水分的适应性

不同地区水资源供应不同，植物由于长期适应不同的水分条件，形态与生理特性两方面发生了变异，因此形成不同的植物类型。根据植物对水分要求的不同，可把园林植物分为水生植物和陆生植物两大类。

（1）水生植物。水生植物指所有生活在水中的植物。由于水体光照极弱，氧气稀少，温度较恒定，且大多含有各种无机盐类，所以水生植物的通气组织发达，对氧的利用率高；虽机械组织不发达，但其具有较强的弹性和抗扭曲能力；叶片对水中的无机盐及光照辐射、二氧化碳的利用率高。水生植物有三种类型，即沉水植物、浮水植物和挺水植物。

①沉水植物：如海藻、黑藻等，植物沉没水下，根系退化，表皮细胞直接从水体中吸收氧气、二氧化碳及各种营养物质和水分，叶绿体大而多，无性繁殖发达。

②浮水植物：植物叶片漂浮于水面，气孔多位于叶上面，维管束和机械组织不发达，茎疏松多孔，根或漂浮于水中或沉入水底，无性繁殖速度快，如完全漂浮类的浮萍、凤眼莲，扎根漂浮类的睡莲、王莲等。

③挺水植物：植物叶片挺立出水面，根系较浅，茎多中空，如荷花、芦苇等。

（2）陆生植物。陆生植物指生长在陆地上的植物。它也分为三种类型，即湿生植物、中生植物与旱生植物。

①湿生植物：适于在潮湿环境中生长，不能忍受长时间缺水，抗干旱能力最弱的一类陆生植物。其根系不发达，但具有发达的通气组织（如气生根、膝状根或板根等），如垂柳、落羽杉、马蹄莲、秋海棠等。

②中生植物：适于生长在水分条件适中的生态环境中的植物。绝大多数园林植物都属于此类。它们具有一套完整的保持水分平衡的结构和功能。中生植物具有发达的根系和输导组织，如月季、扶桑、茉莉、棕榈及大多数宿根类花卉。

③旱生植物：能长期耐受干旱的环境，且能维持水分平衡和正常生长发育的植物类型。在形态结构上，其发达的根系能增加土壤水分的摄入量，叶表面积小，呈鳞片状，或具有厚角质层、茸毛、蜡粉，可减少水分散失。多肉多浆类植物具有发达的储水组织，能储备大量水分以适应干旱条件。在生理方面表现为原生质具有高渗透压，能从干旱的土壤中吸收水分，且不易发生反渗透，能适应干旱环境。

4. 园林植物对空气污染的适应性

很多园林植物在正常生长时，能吸收一定量的大气污染物，吸附尘埃、净化空气。园林植物对大气污染物的吸收与分解作用就是植物对大气污染的抗性。不同种类的植物对空气污染的抗性不同。一般来说，常绿阔叶植物的抗性比落叶阔叶植物强，落叶阔叶植物比针叶植物强。植物抗性的强弱可分为以下三级：

（1）抗性弱（敏感）。抗性弱类植物在含有一定浓度的某种有害气体的污染环境中经过一定时间后会出现一系列中毒症状，且通常表现在叶片上。长时间中毒使全株叶片严重破坏，长势衰弱，严重时会导致死亡。这类植物可以作为大气中某类有毒气体的指示性植物，用于进行大气污染监测。银杏、皂荚、加拿大杨等植物便可作为大气污染的指示植物。

（2）抗性中等。抗性中等类植物能较长时间生活在含有一定浓度的有害气体的环境中，受污染后生长恢复较慢，植株表现出慢性伤害症状，如节间缩短、小枝丛生、叶片瘦小、生长量少等。例如，沙松、臭椿、合欢、梧桐、银杏、核桃树、桑树、白皮松、云杉等。

（3）抗性强。抗性强类植物能较正常地长期生活在含有一定浓度的某种有害气体的环境中而不受伤害或轻微受害。在短时间含有高浓度有害气体的条件下，这类植物叶片受害较轻且容易恢复生长。另外，这类植物具有较好的净化空气的能力，可用于一些污染严重的厂矿区绿化，如大叶相思、五角枫、假槟榔、鱼尾葵、板栗树、樟树、杜果树、山楂树及榕树等。

二、园林植物的生态选择

植物生长在一个地方，其自然地理所形成的特征也将展现在植物上。各区域中的植物都有其地带特性，某些地方适合生长，也能够更好地生长。当然，也会有不适合其生长的地域条件，一旦植物种植在不当的区域内，结果不是加速其灭亡就是抢夺其他植物的生存条件。所以，在植物景观微气候调节中必须选择与周围的生态环境互利互惠的植物物种。园林内植物配置的种类越多，构成的园林空间越丰富多彩。园林植物的作用主要是增加生物的多样性，建立稳定的群落结构，形成具有地方特色的景致。在植物投放实践中，设计师应该根据不同城市的气候特点，选择不同的植物种类，也可以根据其适应性扩大可以栽植的物种。

植物的选择往往受到地域性气候、水土情况等自然因素和一些人为因素的限制，为了更好地为微气候调节设计服务，设计师在进行植物种类选择时要注意以下几方面：

（一）要根据当地的生态环境条件选择植物

植物种类的选择是为了能够更好地生存与发展，以此为主要的选择依据，首先要充分认识城市本身的生态环境，适合这种环境的植物才是首选。植物在调节城市气候的同时应展示出城市的特点，选择当地的植物可以明显地体现当地特色，这也是体现景观微气候调节的植物地域性的前提。因地制宜，适地适树，让植物存活下来，并能够很好地发展，这样才能进一步发挥其生态作用，改善、调节园林的气候环境。植物对自然环境的适应性可分成以下三个档次：

（1）乡土树种，即自然分布或乔木引种100年以上、灌木引种40年以上，表现出良好适应性的树种，以南京为例，如银杏、桂花、女贞等。

（2）适生树种，即乔木引种40年以上、灌木引种20年以上，表现出良好适应性的树种，如法国梧桐。

（3）驯化树种，指一些边缘树种，在灾难性天气如寒流侵袭时，时有冻害发生或引种年限较短，但均有驯化成功和应用前途的树种，如鹅掌楸、广玉兰。

（二）适地适树与引入外来树种相结合

园林植物虽然有许多选择，植物的物种成千上万，但适合的才是最好的。乡土树种是种植的主线，但只选择乡土植物不免有些单调，所以在可选的情况下，加入一些外来树种，在丰富本地植物种类的同时，给植物的生长带来新的伙伴、新的活力，良性竞争更有益于植物的演进。也可以通过人工选育的方式，精心培育选择的外来物种，使其很快融入乡土植物，或与乡土植物进行杂交，产生变种，这会产生更强适应力的新植物物种，给微气候调节新的方向、新的选择。

（三）基调植物、骨干植物和一般植物相结合

城市植物往往有基调植物、骨干植物和一般植物之分。构成城市绿化基调的植物是基调植物，也可理解为是城市的主题植物。环境适应能力强、少病虫害、种植及养护简单便捷、具有良好的实际应用效果的常见植物都属于骨干植物。一般植物是指适应性一般、条件一般的植物类别。把握城市基调植物，大面积推广的同时优先种植骨干植物，形成强而有

力的生态植物种群，这样其发挥的微气候调节效果也会明显许多；再结合一般植物，让植物的应用更为多种多样。不能因为其效果一般就直接放弃，因为存在的植物就会有其特有的优点和用处，这样才能形成和谐稳定的植物调节系统。

（四）植物的功能性和观赏性相结合

虽然植物景观进行微气候调节注重的是其功能，但也应加强其观赏效果。不能只种植一些抗逆性强的植物，即使其适应性强或抗病虫害、耐瘠薄，但其姿态、生长走势不理想，观赏性会大打折扣，且不能满足人们的需求，更会使得微气候调节的效果下降。微气候调节就是为了营造更好的人居环境，其中植物占较大比重，赏心悦目的植物形象在人们眼中是极其重要的。所以，在选择植物发挥其微气候调节功能的时候，要多选择一些枝繁叶茂、姿态优美的植物种类。在达到调节气候功能要求时还能丰富城市色彩，愉悦居民身心，一举数得。

（五）乔木和灌木、草本植物相结合

实行乔灌草结合，是植物配置的基本要求。这样搭配的植物群落满足复合结构的要求。一般底部是地表植物，如草坪、宿根花卉等；中部是灌木或灌木与中型乔木的搭配；上层则是大中型乔木。一片一片的叠积，丰富了植物景观层次。常绿植物和落叶植物合理搭配，不仅可以创造多彩的植物景观，还可以实时发挥植物的功效，特别是在冬天，许多植物枯萎的情况下，常绿植物能担起调节气候的大梁，但其比例不能过大，否则适得其反。

（六）速生树种和长寿树种相结合

植物有速生和长寿的种类区别，速生植物可以在短期内就形成景观，但其大多在二三十年后就急速衰老和消隐；长寿植物的生存时间很长，这类植物长势较慢，需要很长一段时间才能显出绿化效果，但贵在持久。所以选择植物时要处理好速生和长寿植物的关系，二者合理搭配，才能使该区域的植被长期地延续下去，不会因时间的变迁导致荒凉，同时能够合理地延长植物景观微气候调节的时效性。

三、园林植物的配置

（一）植物配置原则

1. 生态优先的原则

植物在园林中所起到的作用不仅是美观，还兼具改善环境、调整小气候等功能，因此在植物配置时，设计师要充分考虑植物的生态学特征，将其生态功能发挥出来。在植物运用中，要做到适地适树、因地制宜，尊重植物本身的生态特征，在进行植物群落培育时，选择的植物要符合当地的自然环境特征，要减少大树移植的情况，以此提高植物群落的稳定性和生态性。

2. 遵循意境美的原则

园林设计是一门综合性非常强的学科，中国古典园林中的植物意境美和形式美的需求在这里体现得更加强烈。

意境美的最佳体现当属明清园林。明清园林中植物不仅是供欣赏和改善环境的，还有更深一层的含义，即人类某种美好愿望的寄托。很多植物都被赋予了一些特定的寓意或一些人格化的特征，如植物中的四君子"梅、兰、竹、菊"，它们代表着气质高洁、傲立风霜、孤芳自赏、淡泊名利等形象；石榴寓意多子多福；木兰寓意金榜题名；等等。很多诗词歌赋里对植物的描述也形成了流传至今的典故，如王维的"红豆生南国，春来发几枝。愿君多采撷，此物最相思"，此后，人们就会以红豆来表达相思之情。说不尽的故事，道不完的情怀，不管是古人还是今人，我们总能从植物中找到某种情感的寄托，一花一木皆有景，文因景传，景因文显，而正因为有了文学作品的渗透，有了这些典故带来的意境美，园林景观才更加生动。

3. 季相植物搭配原则

《园冶·园说》提出："纳千顷之汪洋，收四时之烂漫。"① 虽未直接提到植物，但可以举一反三，植物设计也应遵从这个原则，布置园林中春景时应考虑夏天的景色会如何，以此类推，四季景色都应该考虑进去，全盘计划，不能顾此失彼。通过合理搭配，做到四季有景。

4. 功能性原则

根据园林景观功能特征的区别，采用相应的、不同风格的植物配置。例如，具有纪念性质的城市公园，植物的选取和种植形式需烘托庄严肃穆的氛围；而儿童公园的植物设计需烘托出热闹欢乐的氛围。

---

① 计成.园冶 [M].北京：城市建设出版社，1957：13.

（二）植物配置模式

1. 植物整体配置模式

从立体景观角度分析植物配置模式，植物群落景观可分为水平向和垂直向。从水平向来看，植物群落可按植物多样性分为纯林、混交林、疏林草地、植物组团和草坪等；从垂直向来看，植物群落可按分层配置模式分为乔灌、乔草、乔灌草等。

为体现植物景观配置的科学性、合理性和生态性，以观赏性植物群落为主景，以复层混交模式构建植物群落，以观叶、观果类树姿优美的高大乔木作为上层植物，使其形成整个植物群落骨架；以花灌木、小乔木和色叶植物等作为中层植物，并融入常绿灌木，以提升植物群落的观赏性；下层植物可选用地被植物、草坪植物和藤本植物来覆盖地被土壤，营造出富于季相变化的植物景观。

2. 植物配置组合

（1）滨水空间植物配置。滨水空间植物可采用"垂柳＋木芙蓉＋草坪、垂柳＋云南黄馨""枫杨＋垂柳＋水杉＋八角金盘＋草坪""垂柳＋水杉＋香樟＋草坪""垂柳＋樱花＋草坪＋菖蒲""香樟＋桂花＋八仙花＋黄馨＋草坪"等模式。在园林滨水空间构建植物群落，并采用多种植物品种，不仅可以丰富植物多样性，增加园林滨水空间的绿量，还可形成层次分明、错落有致的立体植物空间。

（2）入口空间。结合园林入口空间的特点，可采用"法国梧桐＋书带草＋香樟""银杏＋香樟＋阔叶麦冬＋草坪""香樟＋银杏、香樟＋红枫＋大叶黄杨＋红叶石楠""香樟＋桂花＋紫薇＋丁香"等模式。结合园林入口空间构造的特点，还可以采用规则式布置方式，沿园林入口围墙以桂花、丁香等间植形成行列树，以紫薇、毛鹃形成花坛树阵，这样可有效吸引居民、行人进入园林。

（3）园路。园路可选择的植物配置模式较多，如"香樟＋银杏＋雪松＋红叶李＋夹竹桃＋书带草＋五叶地锦""香樟＋榉树＋无患子＋红枫＋雪松＋书带草＋鸢尾""无患子＋乌桕＋樱花＋石榴＋含笑花＋书带草""银杏＋桂花＋草坪""紫竹＋海棠＋红叶石楠球＋阔叶麦冬＋草坪""紫竹＋书带草、水杉＋含笑花＋草坪"等。通过乔、灌、草结合，形成自然、生态的园路植物群落。

（4）疏林草地。疏林草地主要以草本、草花植物为主，间植部分以乔木为主，可选择不同模式，如"法国梧桐＋龙柏球＋草坪""香樟＋枫香＋草坪""香樟＋枫香＋雪松＋悬铃木＋杜英＋毛鹃＋桂花＋草坪""香樟＋榉树＋桂花＋红叶石楠＋草坪"等。疏林草地应突出乔木的观赏性，以高大乔木作为景观中心，辅以草花、藤本、草坪植物，使其形成相对开阔的园林观赏空间。

（5）建筑周边。建筑物周边的范围十分广泛，如园林建筑、小区住宅等，应结合建筑物高度合理搭配园林植物，以起到软化建筑线条的作用。可选择的植物配置模式包括"榉树＋桂花＋红枫＋桃花＋广玉兰""香樟＋广玉兰＋雪松＋榉树＋红枫＋八角金盘＋金叶女贞＋书带草＋草坪""榉树＋桂花＋红枫＋红叶石楠球＋金森女贞＋黄馨＋草坪"等。

（6）自然式植物组团。自然式植物组团是以自然形态为主的植物群落配置方法，其主要突出植物群落配置的自然性、生态性。自然式植物组团可选择的植物配置模式包括"朴树＋广玉兰＋桂花＋草坪""香樟

+ 榉树 + 红枫 + 樱花 + 朴树 + 无患子 + 五叶地锦 + 书带草" "日本红柳 + 银杏 + 书带草 + 鸢尾 + 草坪" "水杉 + 银杏 + 日本红柳 + 榉树 + 小叶女贞球 + 毛鹃 + 书带草" "香樟 + 银杏 + 蚕丝海棠 + 桂花 + 红枫 + 毛鹃 + 草坪"等。自然式植物组团应充分结合不同植物的生长特性，合理搭配植物组团空间，形成与自然生态相符的植物群落。

3. 不同园林景观造景与植物配置

在不同园林空间中，设计师应结合园林游客群体的特点，合理搭配植物景观，确保植物景观体现人文性、观赏性，满足不同群体观赏的需求。

（1）综合性公园景观造景与植物配置。综合性公园是城市园林建设的重点，体现了城市的人文历史底蕴，也是城市居民日常活动的重要场所，因此，设计师在营造综合性公园景观时，应用植物景观，营造生态、自然植物多样的园林空间。

从植物空间应用角度来看，综合性公园可分为儿童活动区、观赏游览区、文体活动区、休息区等不同区块，根据空间划分可分为开敞空间、半开敞空间和封闭空间。景观造景与植物配置应和园林空间定位相符，在不同的功能分区分别采用不同的植物配置模式。例如，在文化娱乐区可采用孤植、列植、对植或树阵形式栽植乔木，中层植物以花灌木为主，下层植物可选用花坛、花镜形式，营造视线通透、无阻挡的观赏空间。另外，要注意选择无毒、无刺的观赏性植物，植物配置以缓坡林地或乔灌木复合组团为主，与其他空间相互隔离。休息区应以植物群落围护形成封闭空间，确保与其他区域相互隔离，为观赏者提供舒适、安静的空间。在综合性园林草坪配置应尽量避免大面积草坪或大范围纯草坪。在疏林空间中，可适当引入地被植物，既可丰富疏林空间植物的多样性，还能够体现植物季相变化，增强植物绿地生态效益。

（2）郊野公园景观造景与植物配置。郊野公园是城市居民亲近自然的重要场所，因此，郊野公园在植物配置和景观造景时应突出自然、生态野趣的特点，营造适合户外运动的植物空间。在植物配置时，应从景观生态学的角度出发，充分发挥廊、桥、通道等硬质景观空间的分割作用，营造"一步一景"的效果，打造出富于变化的郊野园林景观。

（3）带状园林。在城市带状园林植物配置中，如护城河滨河绿道等，应依据城市发展规划，配合园林景观小品，合理搭配植物，体现植物配置的多样性、连续性、本土性；通过在狭长、连续的植物空间构建分段、分季相的植物空间，来体现植物景观的季相变化。因此，在带状园林植物配置时，设计师应结合季相变化合理配置植物种类，优先选择乡土植物，使其体现地域文化特点。

第四章　生态背景下不同区域的景观设计

第一节　城市景观生态规划设计

一、生态园林城市建设的含义

生态园林城市建设是"三个文明"的统一。生态园林城市文明程度的体现应包括物质文明（生产和生活方式的现代化程度、基础设施和社会福利的完善程度）、精神文明（价值观念、精神信仰、伦理道德、社会风尚及责任感）和生态文明（环境伦理、生态意识、行为导向、奉献参与）。也就是说，生态园林城市的可持续发展应包括三方面的含义：一是城市物质文明的发展，表现为人均国民生产总值和国民收入的增长。二是城市精神文明的发展，表现为城市人口的教育、文化、卫生等人均占有水平的提高。三是城市生态文明的发展，表现为城市生态环境的优化和人与自然环境的协调。这是一个多维的、综合的发展过程。综合众多理论研究和生态园林城市建设相关的社会实践经验，本书认为生态园林城市建设的含义为：生态园林城市建设是在一定的地域空间范围实施的，以城市化与生态化为导向，并将二者科学结合的区域或城市建设活动。生态园林城市建设对于处在不同社会经济发展水平和生态环境条件下的区域发展与城市建设都具有积极意义。对于城市化而言，生态园林城市建设意味着更加注重生态环境、资源等方面的非生产性建设，更加注重城市化过程中的"自然生态化、社会人文化、居住环境宜人化、环境的清洁友好"等非物质性方面；在消费性方面，生态园林城市建设强调城市发展中的"以人为本"原则，重视提高和丰富城市发展的内涵。对于生态建设而言，生态园林城市建设需要与区域城市化进程相融合。生态园林城市建设并非仅是城市生态建设，其还注重在城市发展、建设等过程中融入生态意识、生态因素，是环境与发展的科学结合。

二、城市生态系统的特征

从生态学的角度看，城市是一种生态系统，它具有一般生态系统的基本特征。例如，城市的物质基础是自然生态系统；城市的整体是一种自然—人文复合生态系统，人类活动与其物质环境之间是一个不可分割的有机体；城市与周围腹地、城市与城市之间存在着一种生态系统关系。城市生态系统也是一种特殊的生态系统，具有一些不同于其他生态系统的特征。

（一）城市生态系统是以人为核心的生态系统

与其他生态系统一样，城市生态系统也是生物与环境相互作用而形成的统一体，只不过这里的生物主要是人，这里的环境也成了包括自然环境和人工环境的城市环境。"城市人"和城市环境相互依赖、相互适应而形成一个共生体。在这一整体中，人是城市的主体，城市的各项建设都要以满足人的生理、心理需要为宗旨。人并不是被动地接受环境的服务，而是主动地利用环境，改善环境，避免对城市环境的掠夺、损坏和污染，并保持城市自然、社会、经济、生态的平衡。

（二）城市生态系统是一个自然—经济—社会复合生态系统

城市生态系统从总体上看属于人文生态系统，以人的社会经济活动为主要内容，但它仍然是以自然生态系统为基础的，是人类活动在自然基础上的叠加。《城市生态学》一书中提出："城市是人类社会、经济和自然三个子系统构成的复合生态系统"，"是在原来自然生态系统基础上，增加了社会和经济两个系统所构成的复合生态系统"。[①] 因此，城市生态系统的运行既要遵守社会经济规律，也要遵守自然演化规律。城市生态系统的内涵是极其丰富的，城市中的大气、土地、水、动植物、各种产业、文化、建筑物、邻里关系、民俗风情等都属于城市生态系统的构成要素。

（三）城市生态系统具有高度的开放性

每一个城市都在不断地与周边地区和其他城市进行着大量的物质、能量与信息交换，输入原材料、能源，输出产品和废弃物。因此，城市生态系统的状况不仅受自身内部元素的影响，而且深受周边地区和其他城市的影响。城市的自然环境与周边地区的自然环境本来就是一个无法分割的统一体。城市生态系统的这种开放性既是其显著的特征之一，也

---

① 宋永昌，由文辉，王祥荣. 城市生态学 [M]. 上海：华东师范大学出版社，2000：33.

是保证其社会经济活动持续进行的必不可少的条件。

（四）城市生态系统的脆弱性

城市生态系统是高度人工化的生态系统，受到人类活动的强烈影响，其自然调节能力较差，主要依靠人工活动进行调节，而人类活动具有太多的不确定因素，这不仅使人类自身的社会经济活动难以控制，还因此导致自然生态的非正常变化。影响城市生态系统的因素众多，各因素间具有很强的联动性，一个因素的变动会引起其他因素的连锁反应，因此城市生态系统的结构和功能相当脆弱。城市生态系统的脆弱性主要表现为城市的生态问题种类繁多且日益严重。

三、生态城市建设规划设计

（一）建立生态平衡机制

自古以来，人居环境建设对周围区域的自然生态环境就有很大的影响，体现了人类对自然环境不断利用与改造的过程；而区域的生态也对城市的生态安全有着重要作用。因此，要了解区域自然生态演化过程，就要尊重自然格局，保护对维持生态安全至关重要的因素与部分，进而认识生态平衡的内在机制，把城市建设纳入这一生态体系。一方面，人居环境的生存依赖于区域自然生态系统所提供的物质与能量。另一方面，健全的生态系统是人居环境景观的重要构成要素，生态环境倒退形成的荒山秃岭、水土流失、局部气候恶化都会对人居环境的建设与人类生存产生不利影响，形成低劣的环境景观。因此，生态环境安全不仅是自然生态系统生存与发展的需要，也是人居环境建设的必要条件。生态园林城市规划与建设应力图维持城市的生态安全机制。

（二）区域景观规划设计途径

1. 明确区域景观规划范围

根据当地的自然环境地理特征和生态建设重点，在现有自然生态格局的基础上确立区域景观规划范围，并与本地区的行政和经济区划相协调。

2. 建构区域景观生态格局

区域景观生态格局的建构可以为城市提供符合生态机制的景观框架。区域景观生态格局的建构包括区域生态廊道系统的建构，如河流、山脉等自然廊道与道路、水渠等人工廊道，设计师应保持其各自的完整性，确保生态流的合理运转；进行廊道结点建设，保护生态种源及联结，保护不同生态系统组成的斑块与基质的自然格局；对景观生态格局进行分析，寻找其中的问题，探究其与城市的关系，并进行格局重构。

3. 进行宏观生态过程分析

进行宏观生态过程分析，要保持其连续性，并使其与生态格局相协调。生态过程指发生在景观元素之间的各种"生态流"，景观元素通过广泛的各种"流"对其他景观元素施加影响。

4. 进行区域专项生态建设规划研究

进行区域专项生态建设规划研究包括生态林业建设、生态农业建设、生态工业规划、生态旅游发展规划等，这都需要综合考虑生态建设与生产生活来进行。

5.运用景观设计理论，发展区域大地景观艺术

发展区域大地景观艺术应考虑将大尺度地形、地貌、植被及水体景观与城市整体形态进行有机结合，并寻找其中特有的自然景观和美学特征，以此形成区域特色景观。

（三）城市景观规划设计的生态途径

城市景观规划设计的生态途径在于要尽量增加城市中的自然组分，增强城市景观异质性，以平衡城市生态收支，提高环境质量，消除过多人工硬质环境的不利影响，形成城市景观生态综合建设模式。城市景观规划设计的生态途径主要包括以下内容：

1.进行土地生态规划，保护城市生态敏感区与生态战略点

确定城市建设的适宜用地与适宜利用方式，建立生态保护区，如饮用水源地、野生动物栖息地等。

2.以"开敞优先"原则进行生态绿地与开敞空间系统规划

城市景观规划设计要使城市内部绿地与外界林地系统保持连续，保持大环境的生态格局在城市地区的连续与完整。同时要增加城市环境的自然组分和异质性斑块。

3.建设城市生态廊道系统

城市生态廊道系统包括以河流为主的蓝道和以绿化为主的绿道，建设时要保持城市内部的各种自然与人工生态流的连续。

4.进行景观美感评价与总体层面的城市设计，建立城市景观体系

进行景观美感评价与总体层面的城市设计，建立城市景观体系包括景观分区与景观轴、城市空间节点、界面与高度视线设计、夜景、游憩

及步行系统等。

（四）地段景观规划设计的生态途径

针对具体的城市地段，在景观规划设计中应尽量提高"自然"组分在城市用地构成中的比重，从生态适宜技术层面要考虑以下内容：

其一，进行环境影响评价，根据地段的自然环境特点预测规划对周围环境的影响，制定对策。其二，进行城市绿地、公园及滨水区具体环境景观设计，结合区域与城市生态绿地系统、廊道系统，提高各种绿地的生态功能，用廊道相互连通，构成绿地网络。其三，进行河流水质治理和污染治理。发展生态适宜技术，如进行乡土植物绿化种类、种植方法及环境清洁工程、生物保护等的研究。其四，"以人为本"，进行城市公共空间具体设计，如广场、道路设计等。

（五）城市生态廊道设计

景观生态学中的廊道是指具有线性或带形的景观生态系统空间类型，"斑块—廊道—基质"是最基本的景观模式。城市生态廊道是城市绿地系统中的一个重要组成部分，因此，要研究城市生态廊道就必须与城市绿地系统紧密联系。王浩等将这一景观模式应用到了城市绿地系统规划中，并提出了城市绿地景观体系规划的设想。他们认为城市绿地景观体系是由城市绿地斑块、城市绿地廊道和城市景观基质及城市景观边界构成的。城市绿地斑块是指城市景观中一切非线性的城市绿地；城市绿地廊道是指城市景观中线状或带状的城市绿地，其根据景观类型的不同可分为绿道和蓝道两大类；城市绿地景观基质是指城市景观中城市绿地以外的广大区域。城市景观边界是城市景观的外围，是城市景观与自然景观的过渡区域。

本研究所研究的城市生态廊道就是指在城市生态环境中呈线状或带状空间形式的城市绿地，是基于自然走廊或人工走廊所形成的，具有生态功能的城市绿色景观空间类型。城市生态廊道不仅能够对城市的环境质量起到改善作用，树立城市的美好形象，而且对城市的交通、人口分布等都有着重要的影响。

1.城市生态廊道的功能

（1）城市生态廊道有助于缓解城市的热岛效应，降低噪声，改善空气质量。城市生态廊道具有多种生态服务功能，如净化空气和水、缓和极端自然物理条件（气温、风、噪声等）、降解废弃物和脱毒、警示污染物等。不仅如此，由于城市生态廊道有着曲折且长的边界，生态效益发散面加大，因此它能使沿线更多的居民受益，创造舒适的居住环境。

（2）城市生态廊道有利于保护多样化的乡土环境和生物。城市生态廊道是依循场所的不同属性，契合场所特质所建构的景观单元，具有明显的乡土特色。同时，城市生态廊道是供野生动物移动、生物信息传递的通道。肖笃宁等认为，生态廊道是一种线状或带状斑块，它在很大程度上影响着斑块之间的连通性，以及斑块间的物种、营养物质和能量的交流，并以此能够加强物种之间的基因交换。因此，城市生态廊道对城市的生物多样性保护有着重要的作用。

（3）城市生态廊道为城市居民提供了更好的生活和休憩环境。城市生态廊道的建设为城市营造了良好的人居环境，而其中的一些公园路、小径、沿河流的一些景观带等都为城市居民提供了较好的游憩环境，还有一些以历史文化为主题的生态廊道不仅是游憩场所，更具有宣传、教育的功能。

（4）城市生态廊道的建设构建了城市绿色网络，是城市绿地系统的重要组成部分。完善的城市生态廊道网络有效地分隔了城市的空间格局，既在一定程度上控制了城市的无节制扩展，也强化了城乡景观格局的连续性，保证了自然背景和乡村腹地对城市的持续支持能力。因此，城市生态廊道规划是城市绿地系统规划中的一项重要内容，是构建城市绿色网络的基础。

2. 城市生态廊道的分类

关于城市生态廊道的分类，许多学者从不同的角度提出了自己的分类方法。宗跃光将城市景观廊道分为人工廊道和自然廊道两大类。人工廊道以交通干线为主，自然廊道以河流、植被带（人造自然景观）为主。车生泉将城市绿色廊道分为绿带廊道、绿色道路廊道和绿色河流廊道三种；按照不同绿色廊道的功能和侧重点不同又将其分为生态环保廊道与游憩观光廊道。周凤霞在对长沙市雨花区的绿地规划研究中将城市绿色廊道分为河流廊道和道路廊道，并且根据宽度的不同将道路廊道分为三个等级。

本书综合以上的各种观点认为，城市生态廊道的分类应当从不同的角度进行分析。因此，本书提出城市生态廊道的"形式—功能"双系分类体系，即城市生态廊道从不同的形式上可以分为绿色带状廊道、绿色道路廊道和绿色河流廊道；从不同的功能出发，可以分为自然型生态廊道、娱乐型生态廊道、文化型生态廊道和综合型生态廊道。

（1）根据不同的形式，城市生态廊道可分为以下三种：

①绿色带状廊道。绿色带状廊道，即在城市中以带状形式表现出来的生态廊道，其又可分为带状公园廊道，如合肥的环城公园；风景林带廊道，如马鞍山西部的翠螺山、九华西山、马鞍山、人头矶等组成的连绵不绝的风景林带；防护林带廊道，如沿铁路两侧建立的防护林。绿色带状廊道不仅能够防灾、减灾，而且对改善城市生态环境也具有重要作用。

②绿色道路廊道。根据道路在城市中不同的表现形式，绿色道路廊道可以分为道路绿化廊道和林荫休闲廊道。其中道路绿化廊道是指以机动车道为主的城市道路两旁的道路绿化，这是城市生态廊道重要的组成部分；而根据道路的不同等级和特性又可分为主干道绿化廊道、次干道绿化廊道和铁路绿化廊道。林荫休闲廊道是指与机动车相分离的，以步行、自行车等为主要交通形式的生态廊道，这种廊道在许多城市中被用来构成连接公园与公园的绿色通道。绿色道路廊道是城市居民使用频率最高的生态廊道，与居民的出行息息相关。因此在规划设计中不仅要考虑道路交通的污染问题，更要从人的需求角度出发，构建出结构合理、景观丰富的生态廊道。

③绿色河流廊道。几乎所有的城市都或多或少地有水系穿过，而根据水系在城市中所表现出的特性不同，可将绿色河流廊道分为滨河公园廊道、滨河绿带廊道、滨江绿带廊道。其中滨河公园廊道就是以游憩、休闲功能为主的沿河生态廊道，如上海市的苏州河，经过环境整治现已成为景观型、亲水型的滨河公园廊道。滨河绿带廊道和滨江绿带廊道则

是依据水系等级的不同而划分的两类河流廊道，滨河绿带廊道在规划设计中主要考虑的是河道绿化生态效益的发挥，而滨江绿带廊道由于面积较大，在规划设计中不仅要考虑其对城市生态环境的改善，对城市的防灾减灾作用，还要考虑到其整体的景观效益，这对城市形象的建立至关重要，是展示城市形象的重要窗口。

（2）根据不同的功能，城市生态廊道可分为以下四种：

①自然型生态廊道。自然型生态廊道是以改善城市生态环境、保护城市生物多样性为主要目的的生态廊道，如自然保护区中的林带、沟渠等。对于自然型生态廊道，设计者在规划设计中要特别注重植物群落的构建，要考虑不同动物对生态廊道宽度的要求等。

②娱乐型生态廊道。娱乐型生态廊道是以满足城市居民休闲、游憩等需求为主要目的的生态廊道，如北京大学景观设计学研究院所做的台州市洪家场浦游憩廊道规划，其将廊道划分为九个功能与景观区段，向人们展示了农田、村落、旱地、滩涂等不同的景观特色，并设置了农业观光、骑马、垂钓、观鸟等各种极具特色的游憩活动。

③文化型生态廊道。文化型生态廊道是结合城市的名胜古迹等具有文化价值的场所而建立的生态廊道，这类廊道主要以向人们展示城市特有的历史文脉为目的，并起到了一定的文化教育作用，如西江遗产廊道规划，就是以西江—南中泾—鉴洋湖水系为基础，结合其主要的三个文化遗产点而建立的乡土文化遗产廊道。

④综合型生态廊道。有些城市生态廊道并不是单一的，而是同时具有上述三种功能中的几种，这类廊道不仅能够对城市生态环境起到很好的改善作用，也能为城市居民提供更好的游憩场所。在现今的城市生态

廊道规划设计中，设计者要在建立单一功能廊道的基础上，努力建立多功能的复合型生态廊道。

3.城市生态廊道规划的目标、原则与内容

（1）城市生态廊道的规划目标。生态廊道被誉为打破孤岛效应的人为藩篱，生态廊道的规划事关濒危物种的存续以及生物多样性保护。自从城市绿地系统规划从岛屿式逐步过渡到网络式后，城市生态廊道规划设计的目标就发展为了构建合理的城市绿色网络；保障生物多样性，保护物种及其栖息地；改善城市生态环境，缓解城市的热岛效应；以人为本，注重人的生存空间的优化、美化，为市民提供观光旅游、娱乐聚会的场所；提供更多宣传城市文化、展示城市形象的平台。

（2）城市生态廊道的规划原则。城市生态廊道是城市绿地系统的重要组成部分，它的规划设置必须从各个城市的具体情况出发，按照不同的地理环境、历史背景、经济水平等因素区别对待，但总的来说，城市生态廊道设置所遵循的原则是基本一致的。

①生态最适原则。城市生态廊道的建设必须建立在对城市自然环境充分认识的基础上，恢复和重建在过去城市开发建设过程中破坏的自然景观，以提高城市生物多样性、保持城市的自然属性。

②因地制宜原则。从城市的实际情况出发，重视利用城市的自然山水地貌特征，充分发挥自然环境条件的优势，同时，对于有特殊要求的区域，如环境污染严重的地区，要合理建设城市生态廊道，发挥廊道的抗污、减噪、防护等功能。

③文脉传承原则。城市文脉是城市在长期发展过程中，自然要素和

历史文化要素相互融合的结果。城市生态廊道应该成为构筑城市历史文化氛围的桥梁和展示城市文脉的风景线，起到保护城市历史景观地带，构造城市景观特色，营建纪念性场所和体现城市文化氛围、文明程度的作用，如源起美国的遗产廊道，就是一种对历史文化遗迹进行保护、宣传的廊道。

④以人为本原则。城市生态廊道的建设要充分考虑人的因素，既要满足居民的游憩、休闲的需求，也要注重城市景观的可达性，方便居民的出行，提高城市生态廊道的服务功能。

⑤系统整合原则。城市生态廊道是城市绿地系统中的重要组成部分，因此要以系统观念和网络化思维为基础，通过城市生态廊道的规划将建成区、郊区和农村有机地联系在一起，将城乡自然景观融为一体。

（3）城市生态廊道的规划内容。城市生态廊道的规划内容主要包括城市绿地系统规划实施概况与城市生态廊道现状分析；确定城市生态廊道规划的依据、期限、范围、目标及原则，拟定城市生态廊道规划的各项指标；提出城市生态廊道总体布局规划，使其与城市绿地系统规划相结合，形成合理的城市绿色网络；对各类城市生态廊道进行分类规划，并提出分期建设及实施措施规划；对城市生态廊道重点区域进行单项规划；相关的文字说明材料；等等。

4. 城市生态廊道的规划程序

参考城市总体规划、城市绿地系统规划等编制程序的相关内容，结合城市生态廊道规划的目标和定位，本书认为，城市生态廊道规划应包括以下四方面：城市生态廊道相关资料收集、城市绿地遥感解译和分析、城市生态廊道现状分析、城市生态廊道规划文件的编制。

（1）城市生态廊道相关资料收集。城市生态廊道规划要在收集大量资料的基础上，经过分析、研究，最终确定城市生态廊道的总体规划、分类规划及重点区域的单项规划。相关资料的收集主要包括自然条件资料、社会条件资料、技术经济资料、城市规划资料、绿地系统资料、植物物种资料和遥感影像资料的收集。自然条件资料主要包括地理位置、气象资料、土壤资料等。社会条件资料主要包括城市历史，名胜古迹，各种纪念地的位置、面积，城市特色资料等，以及城市建设现状与规划资料、用地与人口规模。技术经济资料主要包括城市规划区内现有城市绿地率与绿化覆盖率现状；现有各类城市公共绿地平时及节假日人流量，人均公共绿地面积指标；城市的环境质量情况，主要污染源的分布及影响范围；生态功能分区及其他环保资料。城市规划资料主要包括城市总体规划、城市绿地系统规划、城市用地评价、城市土地利用总体规划、风景名胜区规划、旅游规划、道路交通系统现状与规划及其他相关规划。绿地系统资料主要包括城市中现有绿地的位置、范围、面积、性质、质量、植被状况及绿地利用的程度；城市中现有河湖水系的位置、流向、面积、深度、水质、岸线情况及可利用程度；原有绿地系统规划及其实施情况。植物物种资料主要包括当地自然植被物种调查资料；现有园林绿化植物的应用种类及其对生长环境的适应程度；主要植物病虫害情况；当地有关园林绿化植物的引种驯化及科研进展情况；等等。遥感影像资料主要包括地形图、航空照片、遥感影像图、电子地图等。

（2）城市绿地遥感解译和分析。确定城市绿地的景观类型，对遥感数据进行几何校正、地理配准，并建立解译标志，对各类绿地景观类型进行判读，建立城市绿地地理信息系统，生成各类绿地景观类型的图层，分析城市绿地空间分布特征和相关属性数据、指标。

（3）城市生态廊道现状分析。城市生态廊道地理信息系统的建立，即在城市绿地信息遥感数据解译的基础上，判读城市生态廊道，建立不同类型生态廊道的图层、空间和属性数据库，为城市生态廊道的空间分析和相关指标分析提供基础数据。

城市生态廊道总体布局分析。提取城市生态廊道空间图层和属性库，在此基础上分析其整体空间格局模式和特征；通过计算相关指标来分析城市生态廊道总体属性特征。

城市生态廊道分类现状分析。城市生态廊道规划除了要对城市生态廊道从总体上进行统计、分析，还要根据其分类对不同类型的生态廊道进行空间格局分析，统计分析相关指标数据，以便对城市生态廊道的现状、主要问题有更全面的认识。在此基础上结合城市发展、土地利用现状等，以规划目标和原则为导向，分析城市生态廊道的发展潜力和重点。

（4）城市生态廊道规划文件的编制。城市生态廊道规划文件的编制工作包括绘制规划方案图、编写规划文本和说明书，经专家论证修改后定案，汇编成册，报到政府有关部门审批。

首先，绘制规划图主要用于表述城市生态廊道总体布局等空间要素，规划图的内容主要包括城市区位关系图、城市生态廊道现状分析图、城市生态廊道总体布局规划图、城市生态廊道分类规划图、城市生态廊道重点区域单项规划图、城市生态廊道分期建设规划图。

其次，规划文本的编写主要包括以下内容：城市概况，绿地系统建设现状，城市生态廊道规划的意义、指导思想、原则及规划目标，城市绿地系统概况及城市生态廊道分类规划。

最后，规划说明书主要是对上述各种规划图所表述的内容进行说明。

5. 城市生态廊道建设保障措施

为了更好地建设城市生态廊道，在实践过程中，政府要采取全方位的保障措施，从理论研究、规划定位、责任体制、法律法规保障和资金筹措机制等方面对城市生态廊道规划建设予以支持与保障。

（1）加强城市生态廊道的理论研究

①加强城市生态廊道的效益分析，突显城市生态廊道的重要性。城市生态廊道建设对城市的发展有着十分重要的作用，不仅能改善城市生态环境、缓解城市热岛效应、保护生物多样性，而且可以为城市居民提供更多的游憩空间。因此，深入研究城市生态廊道的生态效益、社会效益和经济效益，充分发挥城市生态廊道在城市中的重要作用，有利于城市生态廊道的建设。

②建立规范化的城市生态廊道概念和分类体系。我国目前还没有确立规范的城市生态廊道概念体系，各城市在进行城市绿地系统规划时，对廊道的分类也是说法不一的。因此，建立规范化的城市生态廊道概念和分类体系势在必行。这一工作将解决现阶段由于缺乏完善的标准造成的城市生态廊道概念上的混乱，对于推动城市生态廊道规划、建设合理绿色网络具有十分重要的现实意义。

③制定切实可行的城市生态廊道评价指标体系。正确评价城市生态廊道的生态效益、经济效益和社会效益，建立城市生态廊道评价指标体系，对城市生态廊道的建设具有十分重要的指导意义。在本书中，笔

者从结构和功能两个角度提出了城市生态廊道的评价指标。从结构角度依据不同的空间尺度对生态廊道进行分析评价，从功能角度对生态廊道的生态、景观和游憩三方面进行评价，是建立城市生态廊道评价指标体系的一次探索。

（2）明确城市生态廊道规划的基本定位

①将城市生态廊道规划作为一项重点专项规划纳入城市绿地系统规划。城市生态廊道在城市绿地系统中起到了重要的连接作用，只有完善的城市生态廊道网络才能构建出完善的城市绿地系统。建设时把在城市绿地系统中起重要作用的生态廊道纳入城市绿地系统规划，作为一项重要的专项规划是十分必要的，这不仅有利于城市绿地系统的建设，而且对创建生态园林城市具有重要的推动作用。

②制定"城市生态廊道规划编制纲要"，明确城市生态廊道的规划程序。城市生态廊道规划涉及城市的方方面面，并且在规划过程中会受到许多政治、经济等因素的影响，因此，建设城市生态廊道要明确城市生态廊道的规划程序，包括相关基础资料的收集、现状分析、编制规划文本等，制定"城市生态廊道规划编制纲要"，将城市生态廊道规划明确化、合理化。

（3）城市生态廊道建设的保障体制

①明确政府的主导地位。政府在城市生态廊道建设中既是投资者、立法者，又是组织者、监管者。这种多重角色充分体现了政府在城市生态廊道建设中的主导地位。政府不仅要通过直接或间接的形式对城市生态廊道建设给予资金支持，为城市生态廊道建设提供相关的规划依据，还要通过制定相应的行政法规等对廊道建设进行保障，同时给予一定的

监管，充分行使政府的协调、支持和管制职能。

②引入市场运作机制。政府在城市生态廊道的建设中尽管扮演着多种角色，起着主导作用，但在实际操作中也存在着许多问题，如资金不足、效率低下、资源浪费等，这就需要在城市生态廊道建设中引入市场运作机制，通过市场的介入来解决各类问题。例如，可以通过招标等形式将城市生态廊道的建设、管理等工程交给相关企业，将政府行为转变为市场行为。

③加强公众参与。城市生态廊道是为城市居民服务的，如何构建合理的城市生态廊道网络，不仅要听取专家学者的意见，更要向城市居民征求意见，了解居民对城市生态廊道的潜在需求。因此，政府需要加大城市生态廊道的宣传力度，让城市居民对城市生态廊道的相关概念有所认识，同时拓宽决策者的视野，鼓励公众参与生态廊道的规划与管理，使公众对生态廊道有更加直观的认识。例如，在专家对城市生态廊道提出规划方案后，可将此方案公布并在进行充分说明，向公众征求意见，或者通过召开听证会、说明会，发送小报、小册子、问卷调查等大量收集公众的意见，之后再归纳整理，制定出合理化方案，再对原方案进行进一步的完善。

（4）城市生态廊道建设的保障机制

①建立相关法律法规的保障机制。目前，城市绿化所依据的法律文件最主要的有《中华人民共和国森林法》《中华人民共和国环境保护法》《中华人民共和国城市规划法》《城市绿化条例》。另外，与绿化建设与管理有关的法律文件有《城市用地分类与规划建设用地标准》《城市古树名木保护管理办法》《城市绿线管理办法》《城市紫线管理办法》等。

但目前还没有城市生态廊道规划的相关法规文件。随着城市生态廊道在城市绿地系统中作用的日益突出，建立相关的法律法规势在必行，这是对城市生态廊道规划建设的重要保障。

②建立资金筹措机制。城市生态廊道建设是一项公益事业，除从城市维护费中列支和有关部门筹集资金外，还要调动社会力量，以充足的资金来支持城市生态廊道建设：一方面，可以规定城市基本建设项目投资用于城市生态廊道建设的比例。另一方面，可以多元化、多渠道地筹措资金，如建立城市生态廊道建设基金、鼓励私人资本投资建设和养护等。

第二节　乡村景观生态规划设计

景观生态学是一门重点研究空间异质性的学科，从某种角度来说，我们也可称其为空间生态学。乡村规划的研究对象从本质上来说就是乡村的社会—经济—自然复合系统，也就是乡村的景观生态系统。乡村景观生态规划的目的和作用，是通过对一定区域内经济生态系统、社会生态系统和自然生态系统功能的合理引导，来做出未来资源、空间的发展部署。经济、社会、自然大系统的功能会相互影响、制约，并最终投射到物质空间，即区域中由人工景观格局和自然景观格局构成的综合景观格局当中。空间格局不仅反映，更会推动和影响三大系统的运行与相互作用，并使其成为乡村发展的最终物质载体，因此，用景观生态学的手段解决乡村景观规划问题，重点是在对乡村现状进行综合分析后，在保护现有景观格局的基础上，建立乡村人工景观格局和自然景观格局和谐统一的关系，以此维持乡村景观生态格局的稳定性和连续性。因此，景观生态学是以维护乡村景观格局的安全和稳定为途径，解决乡村规划中的发展与自然环境如何协调这一问题的一种有效手段。所以，景观格局的保护和优化，也是景观生态学方法在乡村景观生态规划中运用的重要内容。

一、乡村景观生态规划设计的内容

乡村生态景观规划设计在实施时主要由生物与绿色基础设施实现服务功能，配以乡土植物材料与建造材料，为发挥生态景观的价值创造了条件。

（一）生物多样性保护设计

以树林、大面积水面为基底的生态环境斑块形成了生态核心保护区，这些区域为哺乳动物和鸟类、昆虫提供了集中栖息地和避难场所。核心区域周围有防护林、绿篱、草坡等，形成了生态缓冲区。例如，南京市江宁区石塘竹海景区竹林周围用废旧竹料拼接组合成隔离带，降低了人类活动对生态环境斑块的干扰。景区中还可见生态跳岛的建设，利用小池塘来提供青蛙、蜻蜓等动物的繁衍栖息地。村内水网遍布，天然河流与人工沟渠相配合，形成生态廊道，这不仅扩大了生物栖息空间，还进一步保证了生物多样性。

（二）水土涵养设计

水土流失、水土污染等水土安全问题是乡村可持续发展面临的重大阻碍，关系到农田生态可持续和水系生态可持续的发展。水资源丰富的区域，面临着洪水管理问题，因此对水网建构设计要尤为重视。村内可设置沟渠若干，在高差较大处进行较为系统的排水设计。例如，村内河道紧接排水沟渠，利用跌水设计使泄洪功能与景观效果融为一体。水流经过拱桥潺潺淌过，由下一级排水管道进行收集储蓄。下雨时，沟渠河流旁的植被坡和挡土矮墙共同承担着保持水土的作用，与以樟、鸡爪槭、金叶女贞为主的乔灌草植物结合，使雨水经过滤汇入水网，有效减少了水土流失。

（三）灵活运用乡土材料的设计

乡土材料具有就地取材的便利性、经济性，它们因长期处于当地气候条件下而具有生态适应性，也因此与当地的风俗文化相契合。例如，石塘村建筑剩余的少量瓦片，以切面组合造型对碎石小径进行组合铺装。另外，由于此地有悠久的米酒文化，废旧酒罐和盛酒瓷器成了地面铺装、菜园挡墙的点缀材料，这既丰富了色彩，又独具韵味。竹不仅是此地生态景观的主要视觉元素，也是村民们多年来依赖的经济作物。竹材因其物理性能优良，可替代木材作为建筑材料。从建筑外立面到围墙、护栏、廊亭，再到景观灯和小型装饰陈设都可见各种工艺的灵活运用。

（四）乡土植物景观设计

乡村植物景观应在本土基调树种的基础上，尽量以结果实的乡土树种造景，辅以功能性树种（如抗污染的榆树、垂柳等）。城市化进程的加快使乡村陷入了盲目模仿城市景观的困境，原有的乡土植物景观被小广场、绿篱墙的景象取代。仍以南京市江宁区横溪街道石塘村为例，在"石塘竹海"（前石塘村）入口处便可见形式规整的硬质广场，植物搭配选用香樟、红花继木、鸡爪槭、女贞、石楠等城市常见的纯景观树种，缺乏对乡村环境的融入感。"石塘人家"（原后石塘村）则较好地运用了乡土树种，以桃、梨、油菜、扁豆、蓝羊茅等为主要植物进行造景，既保留了乡土树种的经济价值，又契合了农家主题。

二、乡村景观"三生"平衡发展规划

乡村景观"三生"（生态、生产、生活）发展的研究源于乡村土地资源利用及功能分区，但不仅是功能空间的分布，更是与村民息息相关的"生态、生产、生活"功能的体现。"三生"视角是强调生产、生活、生态平衡发展的可持续性发展视角。人类活动需要在一定的空间区域内进行，根据主要功能不同，空间区域可以划分为生产空间、生活空间、生态空间。因此，"三生"景观空间的科学发展，对于乡村景观规划、乡村旅游、乡村经济、乡村生态等方面的研究都能起到一定的指引性作用。

落实到乡村建设，生产是根本要素，它为村民的生活和生态提供基本的物质保障，是乡村可持续发展的血液；生活源于生态环境，是生产的最终目的，为村民打造宜居空间；生态是基本保障，为乡村生产和生活提供基底环境。三者相辅相成，不可分割。正是由于具有这种紧密的联系，一旦规划不当，就会导致乡村"三生"在建设发展中产生诸多矛盾。

因此，生产、生活和生态三者之间的协调平衡发展对于促进乡村可持续发展和实现乡村振兴具有十分重要的意义。

（一）实现"三生"平衡的景观"4R"原则

从严格意义上来说，乡村景观规划设计不是基于空白的区域，它不是一种创造设计，而是一种改造设计，因此它需要我们采用一种科学合理的手段将场地内已有的各项资源更好地整合起来，加以创造利用，平衡景观"三生"发展问题，以呈现出更加和谐的状态。

1. 减量化原则

景观减量化原则（Reduce），即减少对各种资源的使用。乡村景观规划设计坚持减量化原则，即要求设计减少对乡村生态环境和历史文化的破坏。一方面是减少对自然资源的消耗。在乡村景观中一般都存在大面积的自然生态区域，村民的生产和生活活动的资源大部分取自生态资源，但生态资源有限，因此，我们应该尽可能保护生态区域，避免对乡村生态敏感区域资源进行大规模的开发利用，在维持生态系统稳定的前提之下最大限度地提高水域、土地、森林、生物等资源的使用效率。另一方面是减少对乡村历史文化的破坏。乡村景观不是一蹴而就的，它是长时间积累下来的"生存的艺术"，体现了一个乡村区域所特有的生产、生活方式，我们在进行景观设计时，要保护好乡村历史建筑、文化街巷、古树名木等有形的文化符号，并通过对景观场所的构建来传承风俗民情、生活方式等无形的文化特征。

2. 再利用原则

景观再利用原则（Reuse），即对基地中原有的景观材料进行重复使用。乡村景观规划设计坚持再利用原则就是要求我们在设计时做到延续景观文脉，节约资源，进行二次开发，并对废弃的土地、材料、构筑物等进行改造，以适用于新的景观造景需求。其一，对废弃空间的再利用。近年来随着乡村人口的增长以及村庄开发建设的不断推进，乡村建设用地逐渐难以满足乡村景观开发建设的需求，不少村庄内部仍然存在破旧老屋、废弃工厂等荒废空间，我们可以通过景观改造的手法，在原有场地的基础上打造书写本地故事的特色景观场所，这样既能减少村庄的用地压力，也能为村民及外来人员提供具备场所感的景观区域。其二，乡土材料的再利用。乡村景观的建设需要我们最大限度还原乡土特色，景观建设材料的选择也应尽可能地选用本土材料、节约资源和能源，因此可以通过对本地的土壤、水域、植被、砖石、特色生产用具等材料进行再开发利用，使其服务于乡村景观规划。

3. 循环利用原则

循环利用原则（Recycle），即通过建立资源回收系统，进行资源回收再次利用。在自然系统中，物质和能量的流动是一个闭合循环的过程，每一环节的结束都是下一环节开始的原始因素，因此，大自然原本是没有废物的。乡村景观规划设计遵循循环使用原则，要求设计根据生态系统中物质不断循环使用的原理，使乡村景观中的消费行为尽量少产生垃圾和废物，避免造成对水、土地等的污染，同时挖掘同一物质的不同属性，思索景观设计素材的多种可能性。通过设置废弃物回收与循环使用的再生系统，将倡导能源与物质的循环利用贯穿于景观的始终，如在乡村产业的开发利用时可以借助科学的手段打造循环农业。

4. 再生修复原则

再生修复原则（Renewable），即使用可再生资源与可回收材料，保护不可再生资源。乡村景观规划设计坚持再生修复原则就是要求我们对已经破坏的水域、绿地等生态区域进行生态修复，并采取适当的设计手法避免将来的生产、生活活动对生态环境产生干扰。生态资源是乡村生产和生活活动的重要保障，现阶段乡村对生态的保护意识相对较弱，再生修复原则是乡村景观生态规划设计中的基本原则，对整个乡村景观的设计具有指导作用，也是生态规划理念设计的重要表现。

（二）乡村景观实现"三生"平衡发展规划设计

1. 生态保护——最小干预、最大促进，维持原有生态格局

人类的活动都是在一定的场所内进行的，景观的构建也不例外。乡村景观生产和生活活动的进行或多或少都会给乡村生态造成一定的压力，对自然环境产生一定的干扰，而生态是乡村发展的根本保障，景观活动的进行也必须以生态保护为根本，采取生态的设计方法把生产和生活活动对乡村生态环境的干扰降到最低，实现生产、生活与生态环境之间的平衡发展。只有这样，才能在促进乡村发展的同时，保护好乡村原有生态环境格局，保护生物多样性。

乡村景观采用的"最小干预、最大促进"，就是针对乡村生态环境保护提出来的设计方法。"最小干预、最大促进"是应用生态学原理，在乡村景观发展的过程中保护生态环境不受或尽量少受人类的干扰。这种设计方法在城市景观及公园绿地的打造过程中应用较多。例如，杭州西溪湿地在规划设计时始终秉承着"生态优先、最小干预、修旧如旧、

注重文化、以人为本和可持续发展"的原则,在保护生态环境的同时发展旅游产业。我国乡村景观的发展起步较晚,目前尚处于重视发展乡村经济的阶段,多呈现"先发展,后治理"的状态,整体生态意识较为薄弱,应用也较少。

乡村景观规划设计要始终围绕保护生态景观多样性的原则,产业、生活与生态的平衡要贯穿整个过程。乡村景观规划设计要实现乡村经济目标,提高村民的生活质量,更要坚守生态底线,提升生态环境效益。实现生态保护的基本方法如下:

(1)保护不可再生资源,最大限度地提高各类生态资源的使用效率。乡村景观的打造要避免出现大面积的草地,尽量采用乡土物种形成自然式的山田林地,使用不对生态系统产生危害的自然材料,以节约资源和降低成本。

(2)根据生态敏感程度可划分为可开发区域和保护区域,并进行监督。对生态敏感区域进行保护,谨慎对其进行开发利用,对于生态敏感度不高的区域,应在考虑其自然修复能力基础上,开展各类生产与生活行为。

(3)对已经遭到破坏的生态区域要进行景观修复,恢复其稳定的绿地生态系统,形成易于养护、管理粗放的乡土生态景观。例如,对受到破坏的山体、裸露的土地进行植被修复。

(4)修复已经受损的河岸带生态系统。采用植物净化和工程手段相结合的方式积极净化被污染的水体,并合理调整河岸带景观结构,使用本土材料进行自然式设计,维持其生态系统的良性循环,使其与村庄原本的生态环境融为一体。

2. 变废为宝——材料资源再生设计，传承乡村历史文化

20 世纪 70 年代，设计人员开始逐渐采用一种生态设计手法，即尊重场地现状，采用"保留、再利用"的方式，对场地原有的具有利用价值的元素进行保留，并提倡对原有的材料进行再利用，变废为宝，避免资源二次浪费。乡村景观采用"保留、再利用"的方式进行材料资源再生设计，一方面可以解决乡村生活空间以及文化传承存在的问题，创造文化产业。另一方面可以从生态的角度解决生产活动遗留问题。乡村景观设计采取"保留、再利用"的理念就是保留可以二次利用的废弃资源，以景观的手段赋予其新的功能，这样不仅可以避免资源浪费，减少对场地原有生态环境的破坏，还能赋予乡村独特的诉说历史的特色景观空间，提高乡村产业的丰富度，产生一定的经济效益。例如，浙江桐庐县荻浦村将准备拆除的废弃牛栏、猪栏进行艺术再生和再利用，将其改造成特色"牛栏咖啡""猪栏茶吧"，这不仅解决了原场地废弃物的去留问题，还创造了新的价值,营造出了独具乡村田园气息的休闲景观空间。采取"保留、再利用"的手法将村庄原有资源变废为宝，我们可以通过以下几种方式实现：

（1）乡村聚落形态延续。村庄的形成不是一蹴而就的，而是人与自然经过数百年甚至数千年和谐相处的产物。不同的乡村具备不同的聚落形态。

乡村景观的打造也必须尊重村庄的历史发展规律，保留村庄原有的基本形态。我们可以在对街巷建筑、庭院景观更新的同时，保持其原有的空间格局、立面风格与功能空间。这样既不影响农民原有的生活方式

与社会交往方式，还能保留乡村的文化特色，为村庄旅游产业提供更好的条件，进而实现生产与生活景观的互惠互利。

（2）棕地改造利用。早期，我国不少乡村存在工业产业，但随着时代的发展，乡村产业面临转型，大部分乡村工厂搬迁空置，形成了不少废弃空间。同时，乡村的建设发展又面临着土地资源紧缺和资金不足的压力。对于这些乡村，工业发展印迹是其村庄文化的重要组成部分，我们可以将原有的废弃工业厂房改造为村民和游客游憩的开放性空间。这样既能解决村庄早期工业产业的历史残留与生态环境之间的冲突，传承村庄历史文脉，还能为村民提供日常休闲空间。

（3）乡村建筑物再利用。村庄的不断更新，往往会遗留下不少具备一定年代的空置房，设计师可以将这些空置的村民住宅加以修缮利用，注入本土特色的装饰风格，发展成民宿、特色手工作坊等空间，实现生活与生产空间的互利平衡发展。

3. 循环再生——建立循环利用机制，发展科学生态产业

循环利用就是尽可能将场地上的材料和资源实现循环使用，最大限度地发挥物质和资源的内在潜力。循环利用在乡村景观上的应用主要是针对生态与产业之间的平衡关系而展开的，避免了"先污染，后治理"这种传统的经济发展模式，实现了社会经济与环境的长期协调可持续发展。一方面，它可以用于解决乡村产业开发需求与资源保护之间的矛盾。另一方面，它可以从可持续发展的角度降低生产、生活活动对生态环境产生的负面影响。

乡村的产业景观空间大多数以农田、林地的形式为主，随着乡村经济的不断发展，传统的种植业已不能满足生产的需求，原因是一方面迫于基本农田与林地的保护政策，另一方面乡村产业急需转型，以创造更大的经济效益。我们需要在保护土地、水域的前提下采取更加科学高效的手段，发展地方经济。我们可以因地制宜打造生态循环农业，解决保护与开发之间的矛盾，使农业发展取得更高的经济效益、社会效益、生态效益。生态循环农业景观的建立，主要有赖于对农林、农牧、林牧等不同产业之间相互促进与协调发展能力的挖掘，通过科学的形式对乡村土地资源进行高效利用，使农业能够以最少的成本获得最大的经济效益和生态效益。这样既能促进村庄的产业发展，也有利于提高村庄土地生态系统的整体综合效益。例如，将农业与现代科技相结合发展种养结合的稻鱼、稻虾模式，通过将养殖污染物资源化，来实现资源的循环利用，这样既解决了面源污染问题，又降低了养殖成本，并且延续了乡村应有的稻田景观风貌。

4. 环境修复——引导自然做功，打造低成本景观系统

自然界具有自组织与能动性，利用自然的力量实现生态系统的恢复和再生可以减少成本、资源的投入。乡村中的生态环境与村民的生产、生活活动息息相关，存在着彼此依存的关系，生态环境作为相对被动的一方，往往要承受人类活动所带来的压力，如村民日常生活和村庄产业行为所产生的污水、垃圾不可避免地会排放到自然中。因此，我们要对乡村的生态环境进行修复，以构建系统性的乡村生态基底，完善乡村生态结构。在景观设计时我们可以采取设计生态的方式，创造条件，引导自然做功。设计生态，是将景观设计与生态理念相融合的一种设计手法，

它要求景观设计出来的环境，不仅表象的风貌要符合周边的生态环境，而且能够充分尊重自然发展过程，增强场地的自我维持，发展可持续的处理技术，实现生态的自循环过程，应对未来未知的环境问题，还能节约生产及后期的维护成本。将设计生态应用到乡村，我们可以通过以下具体措施实现：

（1）模仿自然群落景观。绿色的不一定就是生态的，景观设计也不是简单地模仿自然的表象，而是应该使设计的景观具备某种生态功能，维持场地内的系统平衡。从生态的角度看，一般认为健康的自然群落比人工群落应对外界压力的能力更强，景观设计需要充分利用原场地的自然植被，延续原本的生态群落，或者建立一个基本框架，为自然再生过程提供条件。

乡村景观采用乡土植物和其他自然资源的合理搭配进行群落植物景观营造，可以使景观起到稳固河岸，改善土壤条件，使水域、绿地景观系统具备动态演变以及适应外界压力的能力，持续进行自我修复和生长。采用这种建造方式，不仅能使景观融于当地的自然环境，而且成本低，后期维护简单。

（2）引入生态污水净化系统。乡村生活污水及工业废水问题是乡村建设的难题之一，它影响着乡村生态系统及村民生活空间环境的健康发展。对于乡村生活污水以及工业废水的处理，一方面，我们可以采取"生态农业"的方式，以厌氧发酵池的技术手段，分户解决污水问题。另一方面，对于一般的污水，我们也可以采用自然式代替化学式的处理方式，通过打造本土植物群落景观，建立生态的过滤系统，使生态环境得到自我恢复，水质得到有效改善。这样，既能对乡村日常生活和部分产业生产中产生的废水进行净化与清洁，还能改善村民生活环境，为村民提供休闲、教育场所。例如，苏州市浮桥镇建元村采用人工生态绿地与其他方式协同的方法对村内污水进行集中处理，通过植物、微生物之间的相互作用，出水水质达到了一级标准。

三、乡村景观视觉生态设计

（一）乡村风貌的整体定位与把握

在乡村景观建设中，要打造视觉生态景观，面临的首要问题就是建设一个什么样的乡村，这是对乡村景观整体形象的定位。现代的景观设计，不再是单调的一片绿地或者单纯的绿化带，而是在整体上与周边生态环境结合、互补，以视觉生态设计的观点营造可以代表乡村品位和形象的景观环境，并使其具有乡村人文历史的独特性。

在对乡村景观整体定位与把握上，首先要对古村落的传统文化及当地自然生态环境进行客观详细的调研，从当地人文风貌中得到启示，运用生态学原理，做好前期的考察总结，找出不同地域乡村的特色与个性，以这些人文地理特点对乡村进行视觉环境再塑造，把握好整体的定位与风貌的大方向，再以人和自然之间的和谐共处关系为切入点来指导规划设计工作，为乡村居民提供宜人的生活环境。

（二）人文自然景观的保护性规划

在进行乡村景观规划设计过程中，应该结合当地的人文与自然环境，只有这样才能符合当地人的生活习性。例如，大多数乡村保留着大量古建筑，这些古建筑是极具历史意义的，由于年代久远，破损也比较严重，大多数被废弃，因此急需对这些古建筑进行保护、修复和利用，以体现出本村的文化与历史。对于这些古建筑的利用来说，如果其还有功能性就继续让其发挥作用，如果已经失去功能性就可以将其当作历史文化景点来展示。从地形现状与自然景观的结合角度来看，在规划设计时要结合地形特点来规划，尽可能地在当地自然生态基础上进行再设计，具体操作时多运用当地特有技术与材料，这样不仅降低了建造成本，而且保护了当地自然环境。

每一个村落都有自己独特的文化与历史，在景观规划设计中要展现出每个村落的不同之处，就要结合好当地的现状人文景观，并在此基础上规划出宜人的景观。

（三）乡村区域景观的整体规划

乡村区域景观空间首先是一个大的整体，这个整体就是一个小型生态环境，其中每个区域之间既相互关联，又彼此影响，如果把这些空间之间的关系处理得当，就能发挥景观的生态作用，就能更好地服务于人，为人们提供一个好的生存环境。

在规划设计中要强调各个区域景观的相互关联性，更多地关注当地区域与周边地区的融合、衔接，注重乡村各向的视廊、河道、道路衔接，以带动区域的景观和生态面貌的提升。

（四）景观规划设计的生态观念

在乡村的建设与发展过程中，由于缺乏相应的生态理论引发了一系列的生态危机，保护生态环境与走可持续发展之路成了美好的愿望，这从本质上是人类以自我为中心的价值观念和行为方式造成的文化危机。为了解决当前的危机，要把生态观融入规划设计中，以生态观来主导景观设计。

　　生态观念就是要避免或减少对生态环境的破坏与影响，提高对可再生能源的利用率，在景观设计上追求高效无污染原则，从源头上降低建筑对非可再生物质与能量的浪费，从而高效利用能源。基于此，在设计中应首先研究景观所在区域的自然气候特点，充分利用当地的光能、风能、地热能等可再生的自然能源，对景观进行合理的规划设计，充分利用自然资源，减少资源的浪费，实现生态平衡。

　　景观规划要实现生态功能，必须与当地的自然环境相辅相成，为当地居民提供一个良好的生活、生产环境。规划的景观要对已破坏的环境进行绿色缝合和生态防护，设计集水涵养、生态迁徙、门户展示、活动参与、公共设施完善、乡村个性化夜景等多元功能于一体的综合性景观规划。

（五）古村落景观的地域性规划设计

1.景观规划设计与当地自然环境的和谐统一

　　从古村落的发展来看，能与自然环境共存的景观才是人们所期待的，设计的本质就是满足使用者的需求，而村民是农村的主体，因此一切物质环境都要围绕他们的需求展开。村民的生活方式深远地影响着当地的自然环境，只有根据当地的自然景观特点安排景观空间功能，才能使景观区域布局合理，让村民的生活更加便捷、舒适。如果要让景观规划设计融于乡村自然环境，并且相互依存、互不损害，就要尽量采用当地的可循环利用材料和自然材料，这样可以做到节能环保。

2. 景观规划设计适当采用当地现有的自然资源

在设计中应该最大限度地利用当地自然资源，如在日照很强的区域加强对太阳能的利用，在一些景观设施中应用热能或电能。乡村生物燃料比较多，如果能使农作物的残渣、动物的粪便、生活垃圾等的成为燃料能源，将非常有利于乡村的生态环境。

3. 景观规划设计要借鉴地域性传统处理方法

在一些古村落依旧能见到夯土墙，这是我国一种传统的建造技术，它的历史可以追溯到四五千年以前。这门古老而又传统的施工技术体现了古人的智慧，展现出古村落的深厚内涵，如果能在这项技术基础上辅以现代科技手段，并将其运用在古建筑的修复以及特殊景观的设计上，就能展现出一种古老的韵味。

我国南方地区利用地形的高差进行人工干预，储存雨水。储存的雨水可以用来灌溉农业或者用作日常清洁等；在黄土高原，居民用地坑窑洞来收集雨水，应对西北地区的干旱天气。

（六）古村落里视觉生态景观的展示

乡村景观是服务于人的、以人为主体的，所以应该从村民的视角，分析整体景观的节奏和尺度。例如，在有湖的乡村，最常见的例子就是在湖中设置水中长廊与亭子，使亭中人与村中人互成风景。乡村景观应以乡村的历史为出发点，深入挖掘当地历史文化，并对当地原有景观进行修整与保护，修复废弃的古建筑，充分展示当地的人文景观形象；规划好乡村的景观空间布局，完善古村落的公共设施，最终呈现出一幅视觉环境协调的乡村生态景观，使人们领略到乡村的魅力。

第三节　水景观生态规划设计

一、园林水景观设计要素

根据生态学的观点，一个完整的生态系统由生物因子和非生物因子构成，以下将从这个角度入手，探讨水环境治理中的园林水体景观设计。

（一）非生物要素

在美国诺曼·K.布思所著的《风景园林设计要素》一书中，园林的水体要素被分为水体地形坡度、水体形状和尺度、容体表面质地、温度、风和光等。下面将针对这些要素逐一进行探讨。

1.水体地形坡度

从水体断面来看，地形坡度影响了水体的形态。与水体相关的地形包括水体周边区域地形、水体边界地形（驳岸、湿地等）和水底地形，这些地形的设计和塑造都对水环境产生了深远的影响。

以水体边界地形为例。水体的边界可以是缓坡、是台地、是较陡峭的崖壁，甚至可以是光滑的挡墙。水体边界的形态不同，水体的状态、流速、水中生物的生存环境也不同。一般来说，直线的水体边界，水流较快；弯曲的水体边界，水流较慢。水底地形也会对水的状态和水生态系统产生影响，一个直观的例子就是，河流的坡度直接影响了水的流速，坡度越大,水流动得越快。水底地形还能改变水的动态,如台地式的地形,使得静水或流水变为跌水。

2. 水体形状和尺度

由于水具有不稳定性和流动性,如果没有边界的阻挡和包围,水就会向四处溢流,因此容体的形状决定了水体的形状。在研究水体的形状尺度时,主要从水体形状、水体岸线的形状、水体面域组织三方面进行。

水体形状是指水的平面形状,一般可分为点状水、线状水和面状水。点状水是指池、泉、人工瀑布、叠水等最大直径不超过 200 米的水体。线状水是指平均宽度不超过 20 米的河流、水渠、溪涧等。面状水是指湖泊、最大直径超过 200 米的池塘以及平均宽度超过 200 米的河流等。

水体岸线的形状大致可分为直线形和曲线形,两类线形对水体的流速、水生态系统都有显著的影响。

水体面域组织指水体之间的相互联系,在中国古典园林中又被称为"理水"。在园林水体中,水并不是单独成块的,而是不同类型的水体相互联系,构成一个系统,这个系统的组织关系也对水环境产生着影响。

3. 容体表面质地

容体表面的质地影响水的流动。研究表明,容体表面的质地越光滑,水的流动越无障碍,且更容易快速流动,也更平静;在河流中,驳岸和河底质地越光滑,水流动得就越快,也越容易形成冲蚀;容体表面的质地越粗糙,水流动越慢,也更容易形成湍流。大多数自然水体的驳岸和水底是比较粗糙的,水流相对城市中的硬化河道来说要慢一些。

4.其他非生物因子

诺曼·K.布思在《风景园林设计要素》一书中还提到了几个和水体相关的要素，即温度、风和光。温度可以影响水的形态，当温度低于零摄氏度时，水会结冰；风会影响水体的特征，如使平静的湖面产生波纹；光与水也能够产生互动，如水中的倒影。这些元素对水体的美学价值影响较大，由于它们是设计时不可控的元素，因此在本书中不做过多的探讨。

（二）生物要素

除了上文提到的水体、光、空气等非生物要素，一个完整的水环境还必须要有生物要素存在。在园林水环境中生存和活动的生物包括植物、动物、微生物和人类。植物、动物和微生物长期生存于园林水环境中，与水环境共存亡。人类与园林水环境的关系则更为复杂，人类是水环境的参与者和管理者，不会在园林水环境中生存，却会在其中进行各类活动，并对园林水环境进行管理和调控。

1.生物群落

一个完整的水生态系统由非生物的环境和生物群落构成，生物群落包括植物群落、动物群落和微生物群落，其中植物是生产者，动物是消费者，微生物是分解者。

（1）植物。在当今生态治理为主导的情况下，水生植物在水环境治理中起到了重要的作用，无论是水生植物的种类，还是水生植物所构成的生态群落，都对水环境的改善具有重要意义。

水生植物是一个生态学范畴的类群，是不同类群植物通过长期适应水环境而形成的趋同性生态适应类型。

水生植物根据其生活型，大致可分为五类：

第一，沉水植物，在大部分生活周期中植株沉水生活，部分根扎于水底，部分根悬浮于水中。其根茎叶能较好地吸收水体中的污染物，是净化水体较为理想的水生植物。其种类繁多，但一般是指淡水植物，常见的有金鱼藻、苦草、伊乐藻、眼子菜等。

第二，挺水植物，它是一种根生底质中，茎直立，光合作用组织气生的植物生活型。它吸收水体中污染物的主要部位是根，能够通过根系吸收和吸附部分污染物质，还能在根区形成一个适宜微生物生长的共生环境，加快污染物的分解。挺水植物有很强的适应性和抗逆性，生产快，产量高，并能带来一定的经济效益。常见的挺水植物有菖蒲、水葱、芦苇等。

第三，浮叶植物，它是茎叶浮水、根固着或自由漂浮的植物。其吸收污染物主要部位是根和茎，叶则发挥次要作用。浮叶植物大多数为喜温植物，夏季生长迅速，耐污性强，对水质有很好的净化作用，也有一定的经济价值，但由于其具有较强的生存能力，容易过度繁殖和泛滥。常见的种类有凤眼莲、浮萍、睡莲等。

第四，漂浮植物，根不扎入泥土，全株植物漂浮于水面生长。根系退化或呈悬锤状，叶海绵组织发达。大部分漂浮植物也可以在浅水和潮湿地扎根生长。

第五，湿生植物，范围较广，常生活在水饱和或周期性淹水土壤上，根具有抗淹性，如灯芯草、多花黑麦草等。

水生植物对水环境治理的作用主要体现在四个方面：

第一，吸收作用。大型水生植物在其生长过程中，具有过量吸收 N

（氮）、P（磷）等营养元素的能力。水体中生活的藻类也能够大量吸收这类元素，但是水生植物生命周期更长，吸收 N 元素、P 元素后，能够将其稳定地长期储存于体内。

第二，微生物作用。水生植物能在根区内提供一个有氧环境，从而有利于微生物的生长及发挥其对污染物的降解作用，且根区外的厌氧环境有利于厌氧微生物的代谢。水生植物还能够增加水中溶解氧，并分泌一些有机物，促进根区微生物的生长和代谢。

第三，吸附、截留、沉降作用。水体中存在着许多悬浮物，包括能够造成污染的有机悬浮物。浮叶和漂浮植物发达的根系能够充分与水体接触并将这些物质吸附和截留，并通过根系的微生物进行沉降。

第四，克藻作用。水生植物会和水中的藻类竞争阳光和营养物质，由于多数水生植物个体大，生理机能也更加完善，因此在竞争中处于优势，对藻类具有较明显的抑制作用，有些水生植物自身也可以分泌一些克藻物质。

（2）动物。园林水环境中的动物是水生态系统中主要的消费者，其种类十分丰富，包括鱼类、鸟类、两栖类、爬行类、哺乳类和无脊椎的甲壳类等。

第一，鱼类。鱼类是园林水环境中最主要的动物类群，在大部分水温适中、光照条件好、水生生物资源丰富的水体中，鱼类都可以生存。园林水体中常见的鱼类包括鲤鱼、鲫鱼、草鱼等。

第二，鸟类。鸟类也是园林水环境中主要的动物类群之一，它们有一些长期生活于园林湿地中，有一些则常常迁徙。园林水环境中的鸟类包括鹤类、鹭类、雁鸭类、鸻鹬类、鸥类、鹳类等，其中有许多珍稀的濒危物种。

第三，两栖类。两栖动物是脊椎动物中从水到陆的过渡类型，它们除成体结构尚不完全适应陆地生活，需要经常返回水中保持体表湿润外，繁殖时期也必须将卵产在水中，孵出的幼体还必须在水内生活。园林水环境中常见的两栖类包括青蛙、蟾蜍、大鲵、东方蝾螈等。

第四，爬行类。爬行动物是完全适应陆地生活的真正陆生动物，但其中有一部分种类生活在半水半陆的湿地区，是典型湿地种。园林水环境中常见的爬行类包括乌龟、鳖、蝮蛇等。

第五，哺乳类。一些哺乳动物也生活在水中或经常活动在河湖湿地岸边，包括江豚、水獭、水貂等。

第六，甲壳类、昆虫。园林中的水生甲壳类按生态习性大体可分为浮游甲壳类和底栖甲壳类，包括各类虾、蟹等。另外，园林水环境中还有类群众多的昆虫，包括摇蚊、水黾、蜉蝣、石蝇、石蛾等。这些昆虫在园林水环境中扮演着重要的角色，不仅丰富了生态多样性，还对水质有一定的指示作用。

（3）微生物。微生物是水生态系统不可或缺的类群，对水环境中微生物的研究多集中于环境工程学和生态学领域。园林水环境中的微生物主要包括四类：菌类、藻类、原生动物、病毒。

微生物在水生态系统中主要有四个作用：维持生态平衡（生态系统中的分解者）、降解（在代谢过程中产生一些有利元素）、吸附（重金属污染物的良好吸附剂）、监测（可根据其存在与否、数量多少鉴定污染程度）。

园林水环境中的菌类包括细菌、真菌、放线菌三类。细菌包括芽孢杆菌、大肠杆菌、变形杆菌、蓝细菌等；真菌包括酵母菌、丝状真菌等；放线菌包括链霉菌、诺卡氏菌等。

园林环境中藻类主要有蓝藻、绿藻、硅藻等。原生动物种类包括眼虫、变形虫、草履虫等。这些原生动物不仅在园林生态系统中发挥着重要作用，还能够通过其特殊的生理机能，如运动和摄食，帮助维持园林环境的健康和美丽。

2. 人类活动

人类虽不是园林水环境的基本构成部分（不属于水生态系统的任何一个部分），却会在其中进行各类活动，从某种意义来说，园林水环境的设计也是为人类服务的。园林水环境对人类的价值主要体现在三个方面：满足人的亲水性需求、科普教育价值、审美价值。

（1）亲水性需求。人类具有亲水性，这既是天性使然，又是历史与社会长期发展的结果。与动物的亲水性不同，水是动物维持生存的基本要素，动物亲水是出于实用价值的考虑，而人类亲水除了实用价值，还有美学和精神价值的考虑。

人类对园林水体表现出亲水性，最主要的原因是水具有实用价值，如可以满足人进行各类水上活动的需求，包括垂钓、划船、游泳、溜冰、漂流等。此外，水体还具有调节小气候、缓解疲劳、使人保持心情平静等功能。

（2）科普教育价值。联合国《世界水发展报告》：到2030年，全球将缺水40%。另据联合国环境规划署预测，水污染将成为21世纪大部分地区面临的最严峻的环境问题，这唤起了人们对水环境治理的关注，提高人们保护水环境的意识将变得十分重要。园林中的水环境与其他自然水环境不同，是人们经常进行亲水活动的场所，与人类的互动关系远远高于自然水环境，因此也自然而然地承担起科普教育的功能，园林应通过其向人们宣传水环境保护的重要性，进一步增进人们对水环境的了解。

（3）审美价值。景观一词，源于德语，原意是风景、景物之意，和英语中的"scenery"类似，同汉语中的"风景""景致""景色"等词义也具有一致性。美学价值是园林的基本价值之一，园林的美学特征主要体现在其赏心悦目的景色和特有的景物上。

园林水环境具有独特的美学价值，这也正是人们愿意在其中进行活动的原因之一。园林水体之美各具特色，表现为海洋广袤深邃，河川激越喷涌，湖泊宁静安详，溪涧欢快轻柔。在园林水环境设计时，需要把握水体生态价值和美学价值的平衡，不能因为一味追求美感而破坏水生态环境，也不能只考虑水体的生态价值，对美感不闻不问，如果这样就背离了园林设计追求美的初衷。

园林水体不同于自然水体，它处在一个人为可以管理和调控的范畴，因此在园林水环境的治理中，人为的长效管控就显得尤为重要。人可以在相当长的一段时间内对园林水环境存在的问题进行处理，以达到更好的效果，并积累相关经验，为其他园林水环境的治理提供实践经验。园林水环境的长效管控一般包括分期治理规划、设施维护与即时监测、生态保护与管理三个方面。

二、生态水景观规划设计

（一）城市生态水景观规划设计

1. 自然景观

（1）河道形态。在平面形态上，因为地理环境具有复杂性，所以城镇河道的断面也会相对多样而复杂，在规划设计时，设计师需要对原始形态予以充分尊重，依照周边地貌特征将水面适当扩大，这样可以对防洪防旱起到一定的作用，还可以为水上娱乐活动的开发提供基础条件。为确保不会形成死水潭，设计师需要让水系网络具有较高的通畅性与完整性，让河道具有良好的生态系统，对于河道的瓶颈处，应该进行适当的拓宽；在横断面上，设计师要根据横断面的类型（复式断面、梯形断面、矩行断面、不对称断面），将台面设置在常水位之上，上层台面会在丰水期时被水漫过，这种设计本身具有较好的亲水性，另外，可以设置一些休憩设施，起到休闲效果；在纵剖面上，设计师可以设置水坝等构筑物，对河水进行调节，使水坝能够让水面产生落差，形成瀑布，进而增加水坝的动态景观。

（2）地形地貌。城镇河道生态景观的设计需要以利用为主，在营造景观空间层次时，需要紧密结合实际的地形地貌。以河滩为例，作为亲水地，河滩可以对人们起到吸引作用。因此，步行道的设置往往是必要的，它可以对河滩和堤岸进行有效连接，在设置过程中，可以利用石片汀步、木栈道等多种形式设置游览设施。在城镇河道周围如果有丘陵、山脉，那么就可以将其作为整个河道景观的自然屏障。

（3）生态护岸。生态护岸可以分为三种主要类型：第一，坚固材料。利用坚固材料来设计生态护岸的最大好处是具有较好的抗冲刷能力，如果河道相对狭窄，就可以采用这种方式，将混凝土块、石块、砖块进行组合搭配，留出一定的空间，让土壤水文和河道沟通，让水生植物得到生长。第二，植物材料。利用水文效应和植被根系力学效应营造景观，能有效预防水土流失。当前，常用的植物材料包含树桩、柳枝、柳条木桩、柳条尼龙网、植物木箱、棕树纤维卷、沉水植物等，这些材料的适用堤岸存在差异，如在利用活体树桩时，就可以将容易生根的树桩直接种植在堤岸带与水岸交错带的土壤中；在利用活体柳条尼龙网时，就可以在坡面平缓堤岸带上平铺柳条，利用尼龙网的覆盖作用来使其固定，同时可以种植适当的草。第三，混合材料。混合材料的生态护岸包含自嵌式植生挡土墙、干砌石植绿护岸和生态护岸植生袋等，如植生袋就是在生态护岸中仅有的软体护坡材料，利用遮阳网与无纺布，在进行生态护岸时具有较强的耐用性、透气性和透水性。

（4）植物种植。种植植物时，如果是湿地景观，则要依照防洪蓄水的相关要求，对河道进行人工拓宽，形成湿地、湖面。人工湿地景观区的重要植物素材为湿地植物，让净化功能与景观效果得到提升，需要考虑植物的护坡功能，可以选用深根性陆生灌木，分层次种植，如采取"挺水植物＋陆生灌木＋湿生草本"的组合方式。在滨水景观中，植物的选择需要注重游客的感官感受，如芳香植物、花灌木及季相变化丰富植物，可以让景观特色层次更为丰富。

2. 人文景观

人文景观主要是地域特色和人文景观特色。以我国山东济南的西营河生态景观设计为例，人文景观方面，龙湾湖的湿地景观区中有东三教绿地和城墙壁画，东三教绿地中有标志性的雕塑和文化景墙，景墙中书写着此地的文化典故、历史由来及城镇特色。在城墙壁画上，利用河中卵石作为主要材料，对李世民驻军此地的故事予以表现。在设计中，应结合当地特色，使景观融入传说、民俗风情及历史传统等人文特点。当前，我国很多城镇都具有十分鲜明的历史文化，在人文景观设计中可以对其进行展示，其展示载体可以为坐凳、指示牌、灯具、雕塑等，这样可以美化环境。其表现方法主要有三种，即夸张化、替换转化和提取简化。

3. 人工景观

在绿地广场节点设计中，广场的规模应该得到有效控制，同时要结合实际情况。例如，在通常情况下，城镇的广场规模要小于城市的广场规模，在使用中，广场可以提供给人们休息、活动等多种服务；在道路设计中，城镇河道生态水景观中的道路主要为景观步行道，在进行设计时，需要确保步行道设计具有舒适性、美观性、连续性、无障碍性和经济适用性。如在无障碍性方面，需要重点考虑当地老人群体，可以将平滑坡设置在近水平台，方便坐轮椅的老人。为让城镇生态水景观具有较好的美观性，可以在河道连通中使用景观桥设计，如果河道水量较少且高差较大，那么就可以利用桥坝结合的方法，增强人们过桥的趣味性。在景观小品设计中，可以利用水池长廊、亭台楼阁、雕塑景墙等小品来为景观增光添彩，设计师在设计时可以将其分为节点景观和功能景观。节点景观的设计主要是对空间变化层次感进行考虑，其节点小品一般为景墙、雕塑、水池等，小品体量与造型需要与环境协调；功能小品主要为休息型、卫生型、指示型、照明型、健身型。亲水设计包含亲水护岸、亲水步道和亲水平台，其中亲水步道主要分为两种形式：一是湿地区亲水步道，二是从堤岸延伸到河道空间的步道。如果需要进行市政建设，就需要在景观中增加环境卫生、排水处理等多种设施，由政府部门和工程设计机构共同设计，形成雨污分流系统，如在沿河区域可以设置排污暗涵，让污水处理厂收集工业废水、生活污水和雨水，并在处理过后，将其应用于景观绿化、农田灌溉等多方面。

以福建周宁县城区东洋溪河道景观为例，其在设计中，利用了河道内现存大块岸石、绿岛与滚水坝来设计出亲水生态绿岛游憩公园；在人工景观方面，它在深水区种植荷花、水葱等植物，形成了一种荷塘月色般的美感，且通过修建景观栈桥，满足人们的交通要求，同时通过观景平台、休憩亭、木栈道等景观的设置，让河道成为一个良好的游览休憩空间。

（二）乡村水景观生态规划设计

1. 乡村景观营造与水体生态修复相结合

（1）乡村污水处理。在具体的设计手法上，设计师可将污水处理技术与乡村水体景观相结合，做到工程与自然的组合多变，以强化景观的综合职能，如浙江省建德市慈岩镇新叶村的生活污水处理项目，此项目通过一系列污水处理手段，每日可以处理生活污水 200 吨，不仅改善了当地的地表水环境质量，减少了污染物的排放总量，还提升了村内的生态环境质量。

在技术手段上，设计师可以将生物处理与生态处理相结合，采用"格栅＋调节池＋曝气"组合池的污水处理技术，将村内分散的生活污水集中起来，经调节池预处理后，进入污水处理的终端设备。处理后的水被排放到人工湿地中，进行自然的过滤后再排入河流或者农田，可促进水体的循环更新，以增加水体的自我修复能力，恢复弹性。该景观工程技术同时具备以下优点：第一，结构紧凑，占地面积小。第二，设备运行安静，减少了噪声污染。第三，多种固定方式，无须排空池体，方便安装和运维。第四，设备可轻松扩容、扩建，满足了现阶段乡村振兴背景下，各村落的旅游、住宿、餐饮发展的需求。

（2）乡村滨水步行系统连接设计。水体是乡村与自然界面的过渡带，滨水步行系统连接将打造出沿水系的绿色公共开放空间，是最亲水的乡村自然界面，同时为市民提供了新生活方式，故在规划设计时，应考虑以下三点要素：一是当地居民的生活习性，设计师应配合其生产、生活需求进行设计。二是优化景观服务半径，将各个独立的水体节点和乡村居民串连成线，加强他们之间的沟通联系性。三是加强水网和陆地之间的关联，这既能满足水体作为乡村活化剂和连通剂的功能，又能增加水岸空间的层次感，丰富景观体验。

对于滨水步行系统的规划设计，在工程上，设计师应多采取存量更新的手段，如借助原有的农耕路、水边缓坡等。在材质上，设计师应倾向于与乡村大环境背景的融合，使其继承自然性与乡土性。有组织、有目的的线性交通规划，可穿点成线、连线成面，将乡村作为一个整体串联起来，以加强水陆交通网络之间的联系，增强各区域环节的可达性，最终实现以水体为核心，以规划建设乡村滨水步行系统为纽带，串联周围各级多元化板块和乡村居民，统筹推进功能区块调整和组团式开发，加强各点面载体的协同联动延伸，促进乡村新格局一体化的有机发展。

（3）乡村水岸空间营造设计。在水岸空间营造方面，设计师可以通过岸线修复构建立体生态系统，以生态驳岸、湿地公园等为载体，保持沿线消落带与水域的连续性，形成多层次的立体景观生态过渡交错带。首先湿地公园的设计，为动植物留下了一片活态的"自留地"和繁育的"栖息所"，既增强了乡村的生物多样性，也为旅游业的发展夯实了基础。其次生态驳岸的设计。对于乡村水岸坡角较大的区域，水体与陆地之间缺乏相应的过渡带，故对未建成区域可选用自然缓坡入水，辅以石头、木头等建设；对已建成的驳岸可增加植物纤维垫和编织袋等，增加坡面护脚。最后设计师可以运用海绵城市的理念，对水岸空间进行地形塑造，增加植被浅沟。通过生物滞留设施、梯田花溪、湿地、透水铺装等技术，构建乡村滨水步行系统低影响开发系统，打造乡村水体海绵带，随着常年季节性的水位变化，在水湾处亦可形成消落带，营造多姿多彩的栖息地环境。同时，增加景观的节奏感和韵律感。

（4）构建乡村水生植物复合群落。植被修复是重建生物群落的第一步，沿水体周边可重建植物群落梯度，在水体周围可进行水生植物种植，从而吸引生物的栖息和繁育，改善沿岸线的生态环境。

在植物营造方面，设计师应以保护与重建为主，适度开展景观化营造：一是对入侵植物的清理。清除水体周边攀缘缠绕大树的杂乱无章的入侵藤蔓，以及水体内部漫无边际的水葫芦，为原生植被群落的恢复腾出空间。二是局部自然式镶补。避免人工栽植过多植物，仅对需要植物群落恢复的地带进行乡土树种的镶补，如在沿线湿地的公园内，可适当加种芦苇、再力花、蒲草等特色水生植物，营造丰富的湿地生态环境。三是梯度重建植物群落。对于沿线原来的裸露土岩进行植被群落的梯度重建，可栽种常春藤等生长快速的攀爬植物，快速覆盖创伤面，固定水土作为基底，便于自然植物群落的恢复。四是注重融入本土生态圈。注重地带性植被群落的选用，以乡土植物为主的同时，丰富鸟类食源性植物。五是塑造节约型植物景观。沿水体适度栽种长势强健不需要精细养护的本土花卉植物，如春有海棠、樱花、桃花，夏有八仙花，秋有木芙蓉、木槿花，冬有梅花、山茶花，这些植物既美观又不显突兀，而且易于打造出融于自然的节约型景观。

2.滨水地带栖息地重建

在维护水体生态安全的基础上，恢复河道生物栖息功能是乡村河流的发展目标，因此要构建一条生物丰富且生物能够相互和谐相处的滨水地带栖息地。通过景观的方式，实现可持续发展的基本要义，包括以下七个措施：柔化水岸边线，培育生态湿地，建设生态边沟，培育水生动物，设置局部生物繁衍区，配置生物生活区，丰富水体及其周边环境。

（1）柔化水岸边线。前文在水岸生态空间营造中，已经强调了生态驳岸的规划设计手段，以阶梯石的台阶、石笼和植物种植等方式来建设柔化水岸边线，是滨水栖息地重建的重要基础之一。

（2）培育生态湿地。在前文柔化驳岸的基础上，科学且有目的地规划不同类型与功能的湿地，能够以生态景观的方式，起到雨、污水体净化动植物生态环境培育的功能。

（3）建设生态边沟。水体的污染主要为人工污染，建设生态边沟，可以提前并有效地将污水进行分流处理，预防污染情况的发生。同时，生态边沟也起到了调节雨水的作用，它能预防暴雨和突然强降雨导致的水土流失和下水道堵塞情况。

（4）培育水生动物。科学且有计划地培育适量鱼类，可有效控制藻类的大规模繁育，及时有效地通过生态手段，防止水体富营养化。除了鱼类以外，底栖动物也是水生动物培育的方式之一，其与滤食性鱼类和微型浮游植物起到了生态互补的作用，也增加了水体景观的活力。

（5）设置局部生物繁衍区。局部生物衍生区主要是指规划设计片林和生态池塘为代表的两种类型。经过研究表明，50~100平方米的片林，对大量生物栖息的帮助作用显而易见；生态池塘则是大多数两栖生物生命历程的必备条件。

（6）配置生物生活区。植物种植设计也要考虑鸟类食源性植物和鸟类栖息性植物的种植，为它们塑造出良好的生活和繁育环境。

（7）丰富水体及其周边环境。水体及其周边和内部环境的丰富性塑造，要以不影响防洪为前提，采用各种生物技术与景观相结合的手法丰富环境。例如，增加树墩圆木、安放鱼巢箱子、改造废弃船只、设置水中浮岛等。同时，在一些可调控的河段，可在相关专家的指导下，进行河床断面改造，结合河床环境的复杂多样性建设，在可操作性的尺度下，改造水体的深度、水流速度，以便加强其生物栖息的功能，塑造更适宜的水体及其周边和内部环境。

第四节 自然保护区生态规划设计

一、自然保护区相关理论

（一）自然保护区的定义

我国的自然保护区（Nature Reserve）是指对代表性的自然生态系统、珍稀濒危野生动植物物种的天然集中分布区、有特殊意义的自然遗迹等保护对象所在的陆地、陆地水体或海域，依法划出一定面积予以特殊保护和管理的区域。在国外，亦称国家公园、自然公园、自然禁猎（伐）区等。这个区域主要作用是观察研究自然界的发展规律，保护、发展稀有和珍贵的生物资源以及濒危物种，引种驯化和繁殖有价值的生物种类，并进行生态系统以及工农业生产有关的科学研究和环境监测，为开展生态学和环境科学教学以及参观游览等提供良好的基础。

（二）自然保护区的类型

自然保护区分类方法各异，薛达元提出将我国的自然保护区分成自然生态系统、野生生物、自然遗迹三个类别九种类型（森林、草原和草甸、荒漠、内陆湿地和水域、海洋和海岸五个生态系统类型，野生动物、野生植物两个野生生物类自然保护区，地质遗迹、古生物遗迹两个自然遗迹类自然保护区），此后，该分类系统被广泛采纳。

（三）自然保护区的功能分区

福斯特（R.Forster）倡导同心圆式的利用模式，即将国家公园分成核心保护区、游憩缓冲区和密集游憩区。这个分区模式曾被国际自然保护和自然联盟所认可。《中华人民共和国自然保护区条例》（1994年）、《中国自然保护纲要》（1987年）以及一些主要自然保护著作均把自然保护区的结构划分为核心区（绝对保护区）、缓冲区（过渡区）和实验区三个区域。

1. 核心区

核心区又称为本底或基底，是指保护区内典型的地带性森林植被和珍稀濒危动植物资源人为干扰少、自然生态系统保存比较完好的区域。核心区是原生生态系统和物种保存最好的地段，其中的生物群落和生态系统受到严格保护，应尽可能地保持其原始状态，禁止任何单位和个人进入。在特殊情况下，经主管部门批准后方可进入，并且只允许在局部地段从事科学考察或观测研究，禁止任何形式的旅游开发活动。其主要任务是保护基因和物种多样性，可以进行生态系统基本规律的研究，但需尽最大努力为游客提供适当的远离现场的参观计划和展览来解说这一地区的特征。例如，立标志牌，说明其内部自然生态系统的特点、珍稀动植物保护的价值和意义，以消除游客的对立情绪。

2. 缓冲区

缓冲区一般位于核心区周围，为核心区提供良好的缓冲条件。缓冲区包括一部分原生性的生态系统类型和由演替系列所占据的受过干扰的地段。其一方面可以防止对核心区的影响与破坏，另一方面可用于某些实验性和生产性的科学研究，但在该区进行的科学实验不应破坏其群落生态环境，考察人员可进行植被演替和合理采伐与更新实验，以及野生经济生物的栽培或驯养，同时可开展科学实验、科学考察、珍稀动植物驯养繁殖，多种经营及生态旅游活动。缓冲区中传统的人类活动，如建房、种植药用植物、小规模的伐木等要受到监控，且不得在其中进行有破坏性的研究。

缓冲区规划的关键在于线路的合理设计。概括起来，旅游线路的规划设计有三点：第一，要顺应地形地势，如线路应设计在沟谷、山脊线等自然分界线上，同时要充分利用自然小路、防火线等，以减少景观的破碎化。第二，线路设计不宜分岔，要将旅游线路所形成的廊道对生物交流阻隔的影响降到最低。第三，在管理措施上，要严格控制游客量及避开动物繁殖的敏感期，在动物繁殖敏感期间实行临时封闭。旅游线路可采用半封闭管理，通道两侧50~100m范围为游人有效活动控制距离，游客在导游的带领下有组织地步行进行考察、观光。严禁在缓冲区内建设任何形式的旅游接待设施。

3. 实验区

缓冲区周围还要划出相当面积作为实验区，用作发展本地特有生物资源的场地，也可作为野生动植物的就地繁育基地，还可根据当地经济发展需要，建立各种类型的人工生态系统，为本区域的生物多样性恢复进行示范，此外还可以推广实验区的成果，为当地人民谋利益。实验区是开展生态旅游活动的主要区域，但旅游项目的开发要以不破坏资源和环境以及适应游客的需要为前提，并且不搞大规模的开发性建设工程，旅游设施应与自然环境协调统一，要因景就势、因地制宜、顺应自然，要做到"区内游，区外住"。

为便于科学管理，实验区可进一步划分为保护、科研小区；经营利用小区、生态旅游小区。实验区的划分，应遵循以下原则：第一，风景资源及景观类型的一致性和差异性；第二，旅游功能和使用性质的同一性和区别性；第三，适当照顾自然、行政界线的完整性；第四，有利于旅游线路组织和方便游客；第五，便于管理。

二、自然保护区的生态规划方法

迪亚莫姆尔（Diamoml）根据岛屿生物地理学的"物种—面积"关系和"平衡理论"，提出了保护最大物种多样性的自然保护区设计原则，具体如下。

（一）保护区的大小和形状设计

1. 自然保护区的面积

根据岛屿生物地理学理论，可知自然保护区面积越大越好，一个大保护区比具有相同总面积的几个小保护区好。通常情况下，面积大的保护区与面积较小的保护区相比，能够为物种生存提供更加良好的生态环境，同时生态环境条件更加趋于多样化，有利于更好地保护物种，而且大的保护区能保护更多的物种，一些大型脊椎动物在小的保护区内容易灭绝。同时，保护区的大小也关系到生态系统能否维持正常功能。

保护区的大小与遗传多样性的保持有关，在小保护区中生活的小种群的遗传多样性低，其更加容易受到对种群生存力有副作用的随机性因素的影响。物种的多样性和保护区面积都与维持生态系统的稳定性有关。面积小的生态环境斑块，维持的物种相对较少，且容易受到外来生物的干扰。其在保护区面积达到一定规模后才能维持正常的功能，因此在考虑保护区面积时，应尽可能地保护对象生存的多种生态系统类型及其相关的演替序列。

一般而言，自然保护区面积越大，保护的生态系统越稳定，其中的物种越安全，但自然保护区的建设必须与当地的经济发展相适应，自然保护区面积越大，可供生产和资源开发的区域越小，因而会与经济发展产生矛盾。同时，为了达到自然保护区的保护目标，政府需要投入资金、人力和物力来维持自然保护区的运转，因此保护区面积的适宜性是十分重要的。保护区的面积应根据保护对象、目的和社会经济发展情况而定，即应以物种—面积关系、生态系统的物种多样性与稳定性以及岛屿生物地理学为理论基础来确定保护区的面积。

2. 自然保护区的形状

自然保护区的形状应以圆形或者近圆形为佳，这样可以避免"半岛效应"和"边缘效应"的产生。考虑到保护区的边缘效应，狭长形的保护区不如圆形的好，因为圆形可以减少边缘效应，而狭长形的保护区造价高，受人为影响也大，所以保护区的最佳形状是圆形。如果采用狭长形或者形状更加复杂的自然保护区，则需要保持足够的宽度。保护区过窄，则不存在真正的核心区，这对于需要大面积核心区生存的物种而言是不利的，同时管理的成本也会加大。当保护区局部边缘被破坏时，对圆形保护区和狭长形保护区的影响截然不同：圆形保护区受到的实际影响较小，狭长形保护区局部边缘生态环境的散失将影响到保护区的核心区，减少保护区的核心区面积。

在实际的自然保护区的景观生态规划时，需要考虑的因素还包括保护对象所处的地理位置、地形、植被的分布和居民区的分布等。在规划的保护区内应该尽量避免当地的人为活动对保护区内物种生存生态环境的影响。

（二）自然保护区中的生态廊道规划设计

自然保护区中的生态廊道经常被用作缓冲栖息地破碎的隔离带，因其能够将孤立的栖息地斑块与物种种源地联系起来，有利于物种的持续交流和增加物种多样性。但是廊道也可能成为外来物种入侵的通道、病虫害入侵的通道，而这无疑会增加物种灭绝的风险，使自然保护区的目的难以达到。

因此，在自然保护区规划设计中对生态廊道的考虑应当基于景观本地、生态环境条件、保护对象特点和目标种的习性等来确定其宽度与所处位置，特别要考虑有利于乡土生物多样性的保护。一般而言，为保证物种在不同斑块间的移动，廊道的数量应适当增加，并最好由当地乡土植物组成廊道，与作为保护对象的残存斑块的组成一致。一方面可提高廊道的连通性，另一方面有利于残存斑块的扩展。廊道应有足够的宽度，并与自然的景观格局相适应。针对不同的保护对象，廊道的宽度有所不同，保护普通野生动物的宽度可为一千米左右，但保护对象为大型哺乳动物则需几千米。

在自然保护区进行廊道规划时，首先必须明确廊道的功能，然后进行生态学分析。影响生态环境功能的限制因子很多，有关的研究主要集中在具体生态环境和特定的廊道功能上，即允许目标个体从一个地方到达另一个地方。但在一个真实景观上的生态环境廊道对很多物种会产生影响，所以，在廊道规划时、以一个特定的物种为主要目标时，还应当考虑景观变化对生态过程的影响。保护区间的生态走廊应该以每一个保护区为基础来考虑，然后根据经验与生物学知识来设计。

（三）自然保护区野生观赏植物设计

1. 自然保护区野生观赏植物选择

（1）观花植物。观花植物可以增添生活情趣，使生命更富生机，裨益身心，陶冶情操，激发人们对生活的热情。若能充分合理利用观花植物，会为我们带来可观的收益，也会将人类社会在人文、经济、科技等方面带入更高的层次。观花植物可用于构建花坛、花台和花境，构建花丛和花群，还可用于专类园栽植等。植株低矮、生长整齐、株型紧密、色彩鲜艳的种类可用于构建花坛，如猴头杜鹃、云锦杜鹃等；花镜模拟自然界林地边缘多种野生花卉交错生长的状态，是一种半自然式的种植形式，用以表现植物个体的自然美和群落美，其季相特征明显，色彩、姿态、体型等错落有致的植物种类可用于构建花境，如多花蔷薇、多花兰、蝴蝶荚莲等；茎干挺直、花朵繁密、株型丰满的植物可用于构建花丛、花群，如牯岭凤仙花、野百合、粉花绣线菊等；株形较矮、繁密匍匐或茎叶下垂于台壁的种类可用于构建花台，如黄花鹤顶兰、多花蔷薇等。种类繁多、观赏价值高、生态习性接近的观花植物，可以布置成专类园进行栽植。

（2）观果植物。园林绿化中使用观果植物，不仅可以弥补草坪、观花植物的不足，丰富园林景观类型，增加季相变化，还可营造春华秋实、硕果累累的喜悦气氛，部分观果植物的果实经冬不落，大大改善了冬季植物的景观效果。

观果植物可用于垂直绿化、行道树、果篱和地被，还可用于营造观果植物专类园。部分木质藤本植物可攀附、覆盖墙面、棚架、山石、篱笆架等，如中华猕猴桃、东南葡萄、薄叶南蛇藤等，具有蔽荫、美化功能；树干挺拔，分支点高，树冠较大，不易落花、落果，病虫害较少，对环境适应力强，抗性强的观果植物可用于行道树，如红果树、灯台树、青钱柳、浙江柿等；植株低矮，萌枝能力强，耐修剪的植物可用作果篱，如大果卫矛；一些低矮的观果植物可植于林下或林缘作地被；易于结果、果实显著度高且果期接近的不同种观果植物可收集到一起布置成观果植物专类园，如槭树属植物专类园。

（3）观叶植物。观叶植物的开发利用极大地丰富了园林景观，部分彩叶植物叶色随季节转变，充分表现出园林的季相美。由于其叶色绚丽多样，姿态优雅，因此在室内装饰中发挥着举足轻重的作用。

观叶植物可以用于行道树、地被，还可用于营造风景林，以及装饰居室、门厅、展览厅、会议室和办公室等室内环境。分枝点较高、适应力强、抗性强、不落叶的木本观叶植物可用于行道树，如毛红椿、亮叶水青冈、野漆树等；部分叶形优美，叶色鲜艳的草本观叶植物可作地被；叶色变幻明显，丛植效果好的乔灌观叶植物可用于营造风景林，如蓝果树、山乌桕、山樱花等；部分娇小玲珑、姿态优美、风韵独特的小型植物可用于室内美化，如琴叶榕。

（4）观姿植物及其应用途径。观姿植物的形状是园林构景的基本因素之一，观姿类植物是以观赏树皮、树干颜色、树冠形状为主的一类植物。

观姿植物主要用于孤植和室内装饰。树形奇特、树干有型、树叶层次感强的木本观姿植物可作孤植树，如柳叶蜡梅、南方红豆杉等；整体长势较好的观姿植物可用于室内美化，如一把伞天南星、毛金竹等。

2. 自然保护区野生观赏植物的利用原则

（1）植物造景时，应尽量提倡应用乡土树种，做到适地适树，突出地方特色。如果大量使用乡土植物，按照常绿、落叶乔、灌、藤、草的合理配植，就会使园林中色彩繁多、季相变化丰富。同时可以运用野生观赏植物营造富于天然野趣的园林小品，使植物造景方式多样化，形成有地方特色的园林景观。大量地使用乡土植物，能够使当地生态环境得到快速、稳定和持久的改善。这不仅增添了用于观赏的植物品种，还提高了绿化品质，极大地丰富了园林内容，同时改变了城镇园林植物应用单一的现状，提高了植物资源配置和结构的科学性和合理性，使各类园林观赏植物都在合适的生态位生长，提高了环境和植物的协调性，极大地丰富当地的园林景观类型。乡土树种适应当地自然条件，能满足各种生态位的要求，构成顶级群落的生态结构，对小环境内生态稳定性起到重要作用。

野生观赏植物资源应用不仅在物种上可吸收新元素，在运用手法上也可以创新，如用禾本科在园林中营造野趣；或旧物灵活新用，如用乔木作绿篱等。

（2）在野生观赏植物资源的选择应用时，要兼顾观赏效果和经济效益。要拓宽野生观赏植物的选择范畴，改变当前主要以观赏价值为选择，很少考虑生态环境效益和其他效益的状况，加强集观赏、药用、食用等多功能于一体的观赏植物的开发利用，如此一来，既美化、香化城镇园林，改善城镇生态环境，又有较好的经济效益。特别要注意对兼有几种功能的植物的开发：既有观赏价值又有药用价值的杜仲、华重楼、大血藤、盐肤木、八角莲、银木荷等植物；既有观赏价值又有食用价值的乌饭树、南酸枣、苦槠、甜槠等壳斗科植物；既有观赏价值又有工业价值的山矾、蓝果树、青冈、红楠、凤凰润楠等樟科树种。还应重视开发利用较少的品种和一些区域的特有物种，如蛛网萼、浙闽樱桃、武夷山石楠、武夷悬钩子、铅山悬钩子、浙江楠、浙江山梅花、长叶猕猴桃、阔萼凤仙花、百山祖玉山竹等。一部分资源丰富、适应性强且抗性强的野生植物可直接用于城乡园林绿化或引入室内栽培、插花观赏；对资源较少或适应性不强的野生植物可通过科学方法进行引种驯化，小面积种植，边开发边利用。研究应建立在实地应用中，这样既可以减少保护压力又可以降低风险，并且栽培改良后便可投放市场，使其既有经济效益，又有生态效益。

（3）运用科学方法进行开发利用，并与科研结合，收集、驯化、繁殖观赏价值高的野生植物；根据园林绿化的不同用途、需要和人们对园林景观的要求，筛选观赏价值高的野生植物进行引种驯化，通过生物、物理和化学的科学方法、利用现代化技术扩大人工繁育。对人工繁殖成功的品种扩大生产，并进行推广，将其应用于园林绿化，并结合各园林景观影响因子对该观赏植物进行科学的评价。把丰富的植物类群，人工森林引入都市，在城市或近郊人为恢复自然环境，建成多样化的园林绿化景观，以人工形成的自然植物群落来调节城市的温度、湿度，吸收工业排放物，改善城市小气候，减少或缓解环境污染，为人们在都市中创造一个优美、舒适、清洁的工作生活环境。另外，政府应发挥引导作用，各绿化部门和园林公司应结合市场进行调整，促进"科研—驯化引种—苗圃培育—规划—生产—推广"一条龙园林建设体系发展，同时应增加科研投入，解决应用中遇到的关键技术问题，促进其向产业化发展，推向市场，走向国际。另外，还需加强宣传示范，提高全民认知。

野生观赏植物的开发利用要与当地社会经济发展水平相协调，没有条件开发的资源不可急于开发，所以开发利用一定要有计划、有组织、有步骤地进行，既开发又保护，开发是为了更好地保护，从而实现野生观赏植物的可持续发展。

（4）应加强宣传对自然保护区野生观赏植物的保护。虽然野生观赏植物属于再生资源，但任何野生资源都是有限资源，并非取之不尽，用之不竭。因此在开发利用的同时一定要做好保护工作，为以后持续地开发利用奠定坚实的基础。对野生观赏植物的保护也是生物多样性保护的重要内容，野生观赏植物种质资源是进行观赏植物研究开发的基础，野生植物拥有最优良的基因性状，世界上现有的很多具优良性状的观赏植物皆由野生种的优良基因培育而来，且表现稳定。对野生植物保护的种类越多，其遗传多样性越丰富，就越有益于野生植物种群的遗传变异，保持遗传多样性优势，防止种群内近交衰退、遗传漂变现象的发生，能使野生观赏植物稳定、持久地进化和发展，并且保护自然生态系统的多样性。

因此，为了保护生态环境，使这些植物资源得到持续利用，相关人员应加强对野生观赏植物种质资源的调查与保护，同时对于自然保护区特有的野生种质资源应采取切实有效的保护措施，建立种质基因收集库，并在保护区内要加强宣传国家自然资源保护条例、法令，宣传保护的重要性，使人们理解、支持，并参与到保护工作当中。另外，在野外获取植物种质资源时，要注意保护植物的自然生态环境和其再生能力。

第五章 生态背景下景观艺术设计创新

第一节 湿地园林生态景观设计创新

一、湿地园林的定义及内涵

（一）湿地园林的定义

湿地园林是现在风景园林学科的一个重要组分，它是把湿地作为研究对象，利用生态学和景观生态学的理论对湿地资源进行保护，结合传统造园手法和景观规划设计理论对湿地自然景观进行修复、恢复或重塑，并兼顾教育、服务、植物展示等功能，具有一定的文化底蕴，并人为地给予特殊维护的湿地区域。根据园林学研究的内容和层次，湿地园林主要包含三个层次和内容：湿地公园、城市湿地景区、湿地景观。

（二）湿地园林的基本要素

1.具有一定规模的湿地生态系统

湿地生态系统是湿地园林的主体，具有较完整的湿地生态特征或具备湿地生态恢复的潜在条件。湿地园林应具有一定规模的湿地，面积过小将无法形成湿地生态系统的复层结构，造成生物种类单一，无法发挥湿地生态系统所具有的生态服务功能，因而这样建设完成的园林形式并不属于湿地园林。

2. 具有完善的服务设施

湿地园林是在各类湿地的基底上，以生态保护为根本，运用艺术造园手法建立的园林形式，除具有生态功能外，还具有人性化的休闲娱乐功能；除游憩设施外，在湿地园林中，还包括一些科普教育、教研类设施，以满足游人的求知欲，并为科研工作者的研究提供基地。

3. 具有明确的生态管理范围

除明确湿地园林的用地范围外，对于湿地园林的管理还包括分析湿地形状、价值及影响因素和物质条件，预测湿地生物种类、数量变化及环境破坏、污染等情况，宣传、科普湿地知识，引导游人观赏等。建立完善的生态管理机制，有助于管理机构的可持续管理和湿地园林的建设。

二、湿地园林景观设计内容

湿地园林开发建设关系到周边地区生态功能和生活品质的提升。从湿地园林总体角度来看，湿地的开发利用要在保护湿地生态环境的同时，满足湿地园林的功能布局要求，符合湿地的开发与发展趋势。另外，湿地园林建设对拉动周边地区开发建设具有积极作用，因此要综合考虑湿地保护与开发利用和园林景观规划，结合湿地园林建设过程中出现的问题，从湿地生态恢复、生物多样性规划、游憩景观规划和生态管理四方面探讨湿地园林营建技术的内容：

（一）湿地生态恢复

湿地生态恢复设计包括以下三方面的内容：

1.保护湿地园林中原有的湿地生态系统

原有湿地对湿地的演变研究具有重要意义，生态性也较为明显，我们在规划设计中应该着重对其进行保护，建立核心保护区。

2.恢复水体系统

在湿地园林中，水体系统包括水系和水生生物生态系统，是湿地园林的根本，对湿地园林的建设具有调控作用，直接影响湿地公园的规划与整体布局，所以水体的恢复至关重要。

水体的质量对城市湿地资源品质具有重要意义。良好的水质利于吸引游人的参与。建立安全、健康的水环境是湿地园林开发建设成功运作的关键因素。水是湿地景观的重要组成部分，从水的流量、流动姿态、丰枯变化及其自然美学特征等方面着手营造水体景观，比一般城市景观更具有吸引力和感染力。水景是湿地景观的核心组成部分，所产生的效果包括表相美、时相美、环境美。

水质的改善可以利用水生动植物的分解、净化功能来实现，这样就需要采用自然河岸或人工改建的自然驳岸使健康的湿地生态系统得以建立；通过建立泵、闸等设施控制水流方向和速度，保持水域运动周期的稳定性；实现雨污分流、杜绝水体污染，城市污水通过城市污水管收集至污水处理厂，污水经过处理达到排放标准方可排入大自然。

尊重原有水系界面，适当开挖、延伸、扩展水体，丰富湿地园林水环境。在城市建设中，城市建设区与城市湿地园林保留一定的开敞空间，设置休闲娱乐基础设施，但应限制高度或采用不阻挡视线的通透材料。

相关部门应尽最大可能地在湿地园林范围内进行组织规划，让已经退化的水生生物生态系统的完整性得以重建。

3. 恢复或修复原有的结构和功能

水域系统中结构与功能都和湿地有密切的关系，为了恢复水域系统的原有功能，在规划中应当考虑适度恢复原有结构。

由于大多渠化驳岸都是笔直的，自然生态防护极其缺乏，抵抗外界干扰的能力不足，容易导致路上的泥浆、灰尘等被雨水直接冲至水域，造成污染。生态绿化带的生态功能和循环功能恰恰能弥补渠化驳岸的不足，建立环湖绿化带能够疏浚湖底的富营养化淤泥并将其堆积至岸边，在临水的堤面形成坡状的生态堤，栽植水生植物，形成自然的水生植物群落，构建生态化的截污滞水屏障和人性化的城市生态廊道。这不仅有利于丰富生物多样性，降低人对生物栖息地的干扰，还有利于净化水质、阻止泥沙或垃圾的流入，促进有机物的分解净化，降低湖水的富营养度。

（二）生物多样性规划

植被恢复是改变过水区水域的关键，应着重对恢复植被、塑造生物多样性进行研究。

湿地中的生物种类丰富，因此要建造优秀的湿地园林，生物多样性规划是否得当关系到湿地园林建设成功与否。生物多样性是指在一定时间和一定地区所有生物物种及其遗传变异和生态系统的复杂性总称。它包括遗传多样性、物种多样性和生态系统多样性，可通过合理整地、水体岸线及岸边环境设计、植物规划和动物栖息地规划来构建湿地园林的生物多样性。

1. 合理整地

湿地土壤的质地主要分为沙土质和黏土质两种基本类型。在选择植物生长介质时，因为不同植物对土壤结构的要求是不一样的，所以应根据植物的不同需求进行生长质的铺设，如黏土矿物可以很好地隔绝水分和植物根茎的穿透，所以一般将黏土铺作为湿地的地下层结构。除黏土可以作为地下层结构的材料外，壤土也可达到类似的效果，但需要适量地加大土层厚度。沙土由于自身的养分含量很低，而且对于水体的隔绝效果也不理想，所以一般不将沙土作为下层构造的材料。如果种植香蒲类的植物，较为合理和科学的做法是铺设30~40厘米深的由沙土、黏土、肥土组成的混合土。

为丰富生物多样性，更好地发挥城市湿地生态效益，应将违规占湖养殖的鱼塘、虾池等人工养殖池进行整改，整理坍塌塘堤，疏通、拓宽水面，改变水域割裂、斑块破碎的现状，把湿地生态状态恢复到最佳；适当引入水禽、兽类、鱼类、两栖类等野生湿地生物物种，丰富生物多样性，彻底改变人工养殖池生物的单一性现状，让湿地特有的鸟飞鱼跃、清水草丰的景象重现。

人工湿地面积的大小占湿地园林类型的比例是湿地园林建设中应考

虑的主要问题。一般认为，水力负荷会影响湿地的面积，微生物对污染物的降解过程则与湿地面积没有直接关系；湿地的长度和水力停留时间会影响湿地污染治理的程度。湿地面积可以根据公式，考虑现场条件随机应变地进行确定，水的流量、水力负荷因素会影响湿地面积，因此湿地长宽比应在 3:1 以上，最高可为 10:1。芦苇湿地如果长度太长会造成湿地床区，也会使水位调节困难，对植物的生长产生不利影响，所以长度应在 20~50 米。湿地沿水需要具有一定的表面梯度比，有利于水流的汇入和地表水流的形成，湿地表面梯度比应保持在 0%~1%，具体根据填料的物理性进行测定。

在进行基床水深的设计过程中，需要通过植物的不同类别和种植深根系的生长情况来进行判定，以确保在深度最大的有氧条件下有一个较长的接触时间并形成更好的解决方案。因此，芦苇类型的湿地系统一般水位深度为 0.6~0.7 米。

2. 水体岸线及岸边环境的设计

在湿地园林中，丰富的水体岸线及层次多变的岸边环境为生物提供了不同的生态环境，增加了生物的结构层次。

人工驳岸多为硬质驳岸，从生态学来讲，它不利于生物多样性的构建，可利用湖底清淤所得的淤泥对传统驳岸进行整治改造，淤泥护坡、插柳固堤、挖泥清淤，以生态绿化驳岸改造人工硬质渠化驳岸，重建水域与岸边交换的纽带，加强各生物栖息地间的连续性。

驳岸不仅是湿地与陆地景观的一个过渡层，还是湿地园林区别其他园林类型特有的差异特征。由此可见，驳岸的处理是湿地园林中极其关键的一个环节，也是湿地景观生态学特征的体现。

自然生态中形成的自然式驳岸能够为生态系统中的各类型生物提供觅食、栖息等生存必要场所。自然驳岸的类型主要有高低草滩、沼泽滩、卵石滩、泥潭、灌木滩、沙滩和林木滩等。在一般情况下，不同类型的驳岸适合不同的生物：草滩类的驳岸主要为昆虫类、小型动物类、鸟类等生物提供栖息、繁殖场所；卵石滩、沙泥滩类型的驳岸为两栖类生物和飞禽类生物提供栖息、觅食场所。

如今水体景观存在的主要问题是不能很好地调和生态绿化与工程结构的平衡性。有的设计只注重结构稳定，用大量混凝土进行堆砌，导致天然湿地过滤、渗透等重要的生态功能大大削弱；有的设计过度追求景观绿化，采用大面积草坪绿化的形式，使得草坪的生态功能相对单一、生态结构不完整，而且草坪的修建、管理、灌溉、杀虫会导致草坪残留的化学物质，这些化学物质随着雨水的冲刷进入水体，造成污染，所以大面积草坪绿化并不是解决湿地生态系统问题的好办法。

采用湿地中的自然沙土材料取代混凝土等人工堆砌材料，以生态自然的设计手法构建水面与陆地间的一个自然过渡区间，是一个比较科学、合理的湿地园林岸边生态设计手段。这样不仅可以为湿地生态圈中的各类型生物提供良好的栖息、繁衍、生存的大环境，还可以满足视觉上的观赏性，给人以生态、自然、丰富的景观视觉效果，达到生态性和观赏性的协调与统一。湿地园林水岸线和岸边环境的设计方法与手段主要有以下四种形式：

（1）自然护岸。护岸的自然式构建方法是利用湿地园林中现有的自然条件，如岸边现有的绿化植物、山石等，规划建设成具有稳定性的自然式的缓坡形式的护岸。

自然式护坡的水下部分设计不仅要在最大程度上还原原有的自然状态，还要为水中生物提供良好的生存环境，重点在于选择不同种类的水生植物绿化水面，如挺水类、沉水类、漂浮类等水生植物。同时，通过植物根系的伸展性达到护坡、稳定堤岸结构的作用。这种设计手法适合水岸坡度相对缓和、水土流失程度不严重的水体，能够很好地实现保护生态的目的。这种类型的护坡对于护岸的保护功能是最弱的，只适用于自然环境较好、坡度缓和、水体流速平和的湿地边缘区域。

（2）自然植物材料护岸。自然植物护岸是指当岸坡坡度超过自然坡度、土地不稳定的时候，可将一些原生纤维，如稻草、柳条、黄麻等纤维制成垫子，用它们铺盖在土壤上来阻止土壤流失和边坡的侵蚀。当植物生长到一定程度且其根系成熟时，能够利用根系的吸附性和扩展性达到良好的护岸效果。之前工程设施的植物纤维也已经被微生物降解，不会残留污染物。这种水岸坡度自然，可适当大于土壤自然安息角，水位落差较小，水流较为平缓。

（3）混合材料护坡。混合材料护坡是实用性较强、应用较为广泛的一种手段。一般是采用石材干砌、混凝土预制构件、耐水木料、金属沉箱等构筑高强度、多孔性的驳岸。结合对护坡构架中裂缝处的水生植物的种植，一方面达到绿化效果，另一方面对水下环境进行清洁改善，为水生生物、微生物提供生存环境，增强护坡的生态性。水生植物的覆盖，不仅保持了良好的自然生态景观，也具有稳固性是护坡材料中最好的，适用的条件是 4 米以下高差，坡度 70 度以下的流速较缓慢的水体环境。

（4）硬质驳岸。硬质驳岸既有优点，又有缺点，它会使植物免受水流的侵蚀，对其有一定的保护作用，还可以在较强的水流冲刷之下保持原先的质量或强度。其最突出的缺点是使河道的生态功能受到影响而减弱或缺失。因此，在进行河流景观规划设计过程中，应采取必要的措施保持其生态功能的完整性，并且兼顾河流的景观效果。充分考虑生态功能，采取相应的设计方法，一般不用砂浆密合，而是留出铺砌护岸石材的空隙，包括利用可渗透的硬质材料铺砌，如堆石、预制混凝土鱼巢结构等来保护堤岸以及利用松木桩和块石铺砌相结合的方法，保护植物正常的生长状态，植物长时间的生长过程会逐渐形成堤岸的自然生态面貌。一般情况下，水位在丰水期和枯水期有所不同，水岸的岸线也会出现消落带，在最高、最低水位之间可分层修建 2~3 道挡土墙，其断面形成的种植台可种植水生植物。设计师要根据水位的高低变化选择植物，在水位较高的时间段，通过植物形成景观；在水位较低的时间段，为游客提供阶梯状的休息空间，提高亲水性。非自然型的生态护岸在应用中属于半利用和半改造的形式，在抵抗同样强度流水冲刷的情况下，这种设计方式可以减少湿地景观改造的工程量，并且作用发挥较快，缺点是一些硬质构造会破坏河岸的自然植被，人工修建的痕迹比较明显。

在水体岸线规划设计的过程中，设计师应同时考虑湿地水岸边线的复杂多样性和现实状况，从而实现多种护岸形式相结合的复合型水体岸线及岸边环境设计。在进行复合生态型护岸的建设时也要考虑湿地景观的视觉效果，避免护岸形式的单一性；尽量保持水体岸线天然断面的自然形态，维护原有湿地生态环境的生态结构，为湿地生物提供良好的生存环境，保护湿地生态环境的物种多样性，保证水体岸线及岸边空间环境的自然性和可持续性。

3. 植物规划

在湿地园林中，植物作为一种既有观赏效果又具有生态效能的资源，可以维持湿地生态系统正常运转，因此，植物规划是湿地园林建设的必要环节。其包括两个重要部分：植物选择和植物配置。

（1）植物选择。湿地园林的植物选择除了要注重美学价值，还应具有生态价值，如改善系统水质。结合湿地园林的特征和植物的特性，湿地园林的植物选择要遵循以下几点：

第一，具有良好耐污性和净化能力。耐污染能力是湿地植物选择的重要衡量因素，因为湿地植物根系长期浸泡水中或土壤环境相对其他绿地的湿润度大，易接触到污染物。常用耐污植物有挺水植物：芦苇、芦竹；浮水植物：凤眼莲。

第二，适应能力强的乡土植被。乡土植被自成群落，管理粗放，在较差的条件下也能正常生长。在湿地园林中，大量使用乡土植物物种，尽可能地模拟自然生态环境，将维护成本和资源消耗降到最低。尽可能减少外来物种的使用，以免其生长和繁衍态势不稳定，威胁其他物种的生存。例如，加拿大一枝黄花由于适应能力强、生长迅速、繁殖能力强，曾影响我国江沪一带的生物生长，破坏当地的湿地生态系统和绿地景观，给农业生产造成了巨大损失。

第三，观赏价值高。湿地园林作为可游憩观赏的场所，植物的美学价值也很重要。植物的营造水平决定了场所的空间层次和美景度，因此应多选择一些常绿植被和花期不同的植物以丰富湿地的景观。

（2）植物配置。在湿地园林中，要注重植物配置的结构层次。湿地植物除沼生植物、挺水植物、浮水植物和沉水植物外，还有乔灌草植物，因此应将不同结构层次植物进行配置设计，营造丰富的湿地植物景观。

①结构上，植被要错落有致，从水面到水岸依次构建沉水植物群落—浮水植物群落—挺水植物群落—湿生植物群落—耐湿乔灌丛和地被草花群落，创造立体的水体、水岸植物景观，使水面与水岸相协调。

②功能上，采用一些茎叶发达的乔灌木以阻挡水流，沉降泥沙；使用根系发达的植物以吸收污染物，为水生植物提供良好的生存环境。

③视觉上，水面植物配置不超过水面的一半，要疏密有致；慢生树种与速生树种、常绿和落叶植被要配置协调，避免树种单一化；注重植被的色彩搭配，不同植物有不同色彩，也显现不同景观，在湿地园林中，植物色彩会影响园区的氛围。

在湿地园林中，由于湿地类型多样，基底环境各异，湿地植被配置方式存在一定差异，如江河型湿地植物配置，从水面到陆地的植物分布格局为：沉水植被带、浮水植被带、挺水植被带、沼生植被带。滨海型植物配置以水生植物的梯度为特色：陆生的乔灌草、湿地植物或挺水植物、浮叶沉水植物。也可根据湿地园林设计主题来进行植物配置，如营造观花观果植物群落或近自然的人工湿地植物群落。根据不同湿地生物对栖息生态环境的要求，尤其是水禽类对栖息生态环境的要求，按照生态规律配置植物群落，充分利用湿地原有的湖面、水系以及堤岸的地形地貌开展规划和设计，营造多样的湿地鸟类生态环境，吸引各种类型的鸟类，设置一些多花、蜜源植物，为鸟类提供食物来源。

湿地园林是在人工湿地或天然湿地的基础上，运用造园手法建造的园林形式。由于受到人为干预以及湿地本身生态环境变化等各方面的影响，湿地园林中的植物群落除自然存在以及效法自然形态外，其结构存在一定的复杂性和可变性，形成了湿地植物的多样性。

4.动物栖息地规划

作为地球"三大"生态系统之一的湿地生态系统，不仅具有自我服务功能，还能改善区域自然生态环境，并为多种动物提供栖息地。湿地动物群落多样且存在地域差异，大致分为四种基本类型：湿地鸟类、湿地鱼类、湿地两栖类和湿地底栖类。

动物对选择栖息地的条件主要包括三方面：具有庇护作用；满足动物生存和繁衍需求；提供充足的食物。营造湿地园林中的动物栖息地时要遵循这三方面的原则，以便营造出适宜动物生存繁衍的栖息地。

（1）湿地鸟类栖息地营造。营造一定面积的深水区域，平均深度在0.8~1.2米，以供游禽类栖息，种植芦苇等水生植物以及少量乔灌木，营造水鸟栖息景观；营建开阔浅水区，栽植荷花、菱角、芡实等水生植物，以吸引涉禽类在此栖息、繁殖；提供水鸟觅食所需要的水动力条件，水位间歇变化的场所可为不同生态位的物种提供多样性的生态环境，成为各种鸟类栖息、繁衍的场所；栽植鸟类喜栖植物：水杉、冬青、桑树等，适当养殖小型的本地鱼类，并适当轮番晒塘，以便为水鸟提供足够的食物。

（2）湿地鱼类栖息地营造。放置人工鱼礁，为鱼类遮阴和躲避天敌；

在湿地基底安放石块群，创建具有多样性特征的水深、底质和流速条件，从而增加湿地栖息地的多样性；在高差变化较大的基底中，抛掷对环境无污染的废旧构筑物，以提高水体底部环境的丰富度，同时废弃物的小孔也为水生生物提供了庇护、栖息场所。

（3）湿地两栖类栖息地营造。在整地中，应提高水下地形的丰富度，营造一些小的两栖动物栖息洞穴；在水系周边设计大小不一的滩面，河滩石、植被等能为两栖动物提供良好的陆上栖息场所。

（4）湿地底栖类栖息地营造。湿地基底水床的营造除需泥沙等松软基质外，还需要设置岩石等坚硬的基体；栽植芦苇等水生植物，供底栖动物攀附；栽植一些底栖动物比较喜爱的植物，如苦草、黑藻等，为其提供食物；在滨海型湿地加设潮间带。

（三）游憩景观规划

1. 空间布局

湿地园林空间布局是在湿地生态格局的基础上进行的功能布局规划。湿地园林空间布局规划是以生态保护与修复为直接目的，根据各类型湿地状况以及使用功能布局来组织景观空间的规划。

湿地园林的生态格局是指湿地景观要素的空间分布及配置方式，反映了湿地园林的生态结构及功能关系，一般分为修复保育区、缓冲区及功能活动区；也有面积较小的湿地园林，其功能相对单一，如示范性湿地园林仅有功能活动区。

湿地园林的生态格局并不是空间布局的最终结果，而是湿地功能空间布局规划设计的基础与前提条件。功能空间布局规划是在生态格局优化的基础上，以湿地生态系统的安全与稳定为前提条件，对湿地中的不同使用功能进行选择与空间布局。

2. 游览路线规划

湿地游览路线是贯穿湿地园林各个景点的纽带，相对于湿地园林中的其他服务设施，游览路线的建设规模大，对湿地生态系统和动植物生态环境会造成一定的干扰。

游览路线的功能主要是划分湿地园林的空间布局和游人的游览路线。对于湿地园林这一特殊园林类型，游览路线的布置应以保护湿地生态环境为基本原则，结合湿地土壤的环境承载力和湿地景观破碎度，在不破坏生物栖息地的基础上，通过地形起伏、水体岸线和植物群落分割等方法来设置。

湿地园林中的游览路线一般以人行为主，游览车为辅，禁止机动车进入湿地生态保育区。对于一些特殊湿地基底的湿地园林，采取全步行游览路线，桥梁宜与地面等高，且留有生物迁徙通道，尽量避免铺设硬质铺装道路。园区道路铺设应注重通水材料和乡土材料的应用。采用透水材料铺设道路，地表径流可通过面层、垫层、基层的空洞及空隙进行分解，渗入土壤，最后汇入湿地集水系统。乡土材料装饰的道路围护结构，体现了湿地园林的地域特色，既环保又降低了建设成本。

栈道是湿地园林游览路线的主要载体，多采用全木质结构，少数用混凝土结构作为栈道支撑体系。木栈道的建设多采用浮桥形式，既满足了游憩的趣味，又保护了栈道下方原有的生态环境。湿地中的观景平台通常是木栈道的局部放大形式，一般设置于多条栈道交汇处或深入水体的终点处，平台上可设置生物观测装置，科普湿地生物知识。

3. 建筑设计

湿地园林中，除具有湿地特色的生态景观，还有代表地域文化和历史的文化景观。在湿地园林规划建设过程中，最能体现地域文化特色的就是湿地建筑设计。

湿地园林内的建筑物可分为三种类型：第一，科普教育类，帮助游人了解认识湿地生态系统，提供湿地生物展览和学习的场所，如湿地博物馆、展示厅等。第二，生态保护类，加强对湿地生物的保护以及维护生物多样性，如人工鸟巢、温棚等。第三，接待管理类，主要位于湿地园林管理服务区内，是用于餐饮、娱乐、休憩的建筑。

湿地园林的规划与建设以湿地生态保护为主要目的，建筑应设置在特定区域，将对湿地生物的人为干扰降到最低。在生态敏感的湿地环境中，建筑的营建不要阻隔动物的活动廊道，应适当架空，使湿地生态廊道和地表径流畅通。架空结构提升了建筑高度，便于观测湿地生物，拓宽人们视野。湿地园林中的建筑要与湿地环境相协调，要能融入生态环境，维护湿地的自然野趣，湿地建筑设计也可采用仿生学手法，使建筑形态基于自然又融入自然，如在杭州西溪国家湿地公园中，中国湿地博物馆整个建筑就融入了山丘。

（四）生态管理

湿地园林建成后，日常管理对湿地园林生态系统的维持至关重要。

在湿地园林中，采取生态管理措施更有利于保持湿地生态环境的完整性和稳定性，生态管理措施包括四方面：第一，在湿地园林环境中，大量蚊虫的滋生影响整个园区的游憩质量，应保持湿地系统中的水体流动和清洁；加强植被管理；引入捕食蚊虫的动物，如青蛙等来控制蚊虫的数量，尽量避免使用杀虫剂。第二，湿地园林建设应以湿地生态环境维护为前提，湿地管理人员要对游人的游憩范围及活动强度进行管制，如针对湿地鸟类设定合理的观赏距离；对于湿地核心区除专业研究人员和管理人员外，禁止游人进入。第三，在对湿地园林的生态管理过程中，要特别注重管理与保护在不同生态环境类型、不同湿地演替阶段中的指示物种，以确保湿地生态环境的稳定性。第四，管理人员为高效准确进行湿地生态质量预警，需要开发、引入湿地生态质量预警系统。

三、湿地园林生态景观创新设计

根据湿地公园的内涵和形成过程，可分为自然湿地公园和城市湿地公园两大类型。自然湿地公园是在湿地自然保护区的基础上，规划一定的范围建立不同类型的辅助设施，如游步道、观景台，或观察生物物种的亭台。城市湿地公园具有可供民众休闲娱乐、游览观光和进行科学、文化教育活动的双重属性的湿地场所。下面以城市湿地公园为例，详细论述湿地园林的生态规划设计。

（一）城市湿地公园景观营造的原则

1. 生态关系协调原则

生态关系协调原则是指人与自然环境、生物与环境、城市经济发展与自然资源环境以及生态系统之间的协调关系。人只是这一系统中的一个微小部分，我们只能合理适度地在设计营造中对湿地发展加以引导，而不能企图改变和强制霸占，以保持设计系统的自然生态性。

2. 适用性原则

不同湿地类型具有不同的系统设计目标，由于每种湿地类型所处的位置不同，因此在各类型的湿地景观营建中，要因地制宜，要具体问题具体分析，遵循区域性的适用原则。

3. 综合性原则

城市湿地公园的生态规划设计涉及的内容很多，如生态学、环境学、经济学等多方面的知识体系，具有高度的综合性。

4. 景观美学原则

在充分考虑了湿地生态多样性功能外，还需注重景观美学的设计，同时兼顾人们审美的要求及旅游、科普的价值。景观美学原则主要体现在湿地景观的独特性、可观赏性、教育性等多方面，是湿地公园重要的价值体现。

（二）城市湿地公园的功能分区

城市湿地公园有诸多类型，不同类型的功能分区也有所不同，即便相同的功能区域也会因为公园各异而设置不同的设施。一般的城市湿地公园有以下区域：重点保护区、游览活动区、资源展示区和研究管理区。

1. 重点保护区

对于保存较为完整且生物多样性丰富的重点湿地，应当设置为重点保护区。重点保护区是城市湿地公园的基础，也是标志性的区域。在重点保护区内，要给那些珍稀物种的生存和繁衍提供一个良好的生态环境，并设置成禁入区，同时对候鸟及繁殖期的生物活动区设置季节性的禁入区。城市湿地公园中的重点保护区应不少于整个公园面积的10%，并且其区域内只能做一些湿地科研、观察保护的工作，通过设置一些小型设施，为各种生物提供优良的栖息环境。

2. 游览活动区

在保护生态湿地环境的基础上，可以在湿地敏感度低的区域建设供游人活动的区域。开展以湿地为主体的休闲、娱乐活动，要根据区域的地理环境以及水文情况等因素来控制游览活动的强度，安排适度的游憩设施，以避免人类活动对湿地生态环境造成破坏。

3. 资源展示区

资源展示区主要展示的是湿地生态系统、生物多样性和湿地自然景观，不同的湿地具有不同的特色资源和展示对象，可以开展相应的科普宣传和教育活动。该区域通常建立在重点保护区外围，同样需加强湿地生态系统的保护和恢复工作。该区域内的设施不宜过多，且设施内容要以方便特色资源观赏和科普教育为主。

4.研究管理区

研究管理区应设在湿地生态系统敏感度较低、交通便利的地方。该区域主要是供公园内研究管理人员工作和居住，其管理建筑设施应尽量密度小、占地少、消耗能源少、密度低。

（三）城市湿地公园的营造方法

城市湿地公园的营造主要是利用城市中的湿地区域及资源，结合城市公园功能，完成湿地与城市公园功能的协调。我们必须掌握营建原则，抓住一些关键要素，这对完善城市湿地公园的营建起到重要作用。

1.湿地公园的选址

湿地公园的选址应主要考虑地域的自然保护价值、植物生长的限制性、土壤水体的基质、土地变化的环境影响以及一些社会经济因素等。特别应注重可利用资源的现状是否满足湿地生态环境的建设条件、场地现状，以及周围城市环境风貌的协调等问题。

一般宜选择非市中心地带、交通方便并远离城市污染区的地方。为了满足湿地植物生长以及生态环境的要求，最好选择河道、湖泊等的上游地势低洼地带，并且有丰富的地形地貌。确定湿地公园选址的一般方法有实地考察、编制可行性报告、湿地公园选址评价。

2.保持湿地系统连续性和完整性的设计

湿地系统是一个较为复杂多样的生态系统，在对湿地景观进行整体设计时，应该综合考虑各个因素，以保护生态系统为基础，然后营造和谐的景观感受，包括设计的内部结构、形式之间的和谐，力求维护湿地生态环境的连续性和完整性。

（1）在湿地公园景观设计前做好对原有湿地场地环境的研究。首先，应对原有湿地环境进行调查研究，包括区域的自然环境及其周边居民的生活环境情况，特别是对于原有湿地的水体、土壤、植物以及周围居民对景观的期望等要素进行详细调研。只有充分掌握了原有生态湿地的环境情况，才能做好湿地景观的设计，并在设计中保持原有湿地生态系统的完整性，还原生态本身。掌握了当地居民的情况则能在设计中考虑到人们的需求，在不破坏自然生态的同时满足人的需求，使人与自然和谐共处。其次，应进行合理的城市绿地系统规划，保持城市湿地和周围自然环境的连续性，保证湿地生态廊道的畅通。

（2）利用原有的景观因素进行设计来保持湿地系统的完整性。利用原有的景观因素就是要利用原有的水源、植物、地形地貌等构成景观的因素。这些因素是湿地生态系统的组成部分，但不少设计并没有充分利用这些元素，因而破坏了生态环境的完整及平衡，使原有的系统丧失整体性及自我调节能力。

3. 植物设计

植物不仅是生态系统中重要的组成部分，也是景观设计中不可或缺的重要因素。在湿地植物景观设计上，一是要考虑植物物种的多样性，二是尽量采用本土植物。湿地植物景观设计以水面为主，辅以部分陆地，主要观赏景观是在水面上或沼泽中营造出来的。自然形成的湿地，其生物种类非常丰富，经过不断地演替，已经形成了稳定的植物群落结构，是湿地植物景观设计的一个很好借鉴。对自然植物群落的学习模拟能够使生态效益得到最大的发挥。不同的生态环境形成了不同的植物景观模式，在模拟自然植物景观时，最重要的是总结群落特征，并利用本土植物进行设计，在满足生态要求、净化水体的同时，多种类植物的搭配不仅在视觉效果上相互衬托，形成丰富而又错落有致的效果，而且对水体污染物处理上起到补充作用，形成生态系统的完整性和优美的景观设计并存的和谐景象。

（1）植物配置原则。在考虑植物物种多样性和因地制宜的同时，尽量采用本土植物，因为它适应性强、成活率高。尽量避免采用外来物种和其他地域的物种，因为它们可能难以适宜异地环境，也可能大量繁殖，占据本地植物的生存空间，导致本地物种在生态系统竞争中失败或灭绝。例如，武汉东湖"绿藻"的蔓延导致东湖大量本土植物消失，致使水体质量恶化。所以维持本地植物，就是维持当地自然生态环境，保持地域性的生态平衡。

植物搭配除了要具有多样性外，层次也是很重要的，水生植物有挺水、浮水、沉水植物之别，陆生植物有乔灌木、草本植物之分，应将这些各种层次的植物进行搭配。另外，植物颜色的搭配也很重要，在植物景观设计中，植物色彩的搭配直接影响整个空间氛围，各种不同的颜色可以突出景观，在视觉上也可以将各部分连接成为一个整体。从功能上，可种植一些茎叶发达的植物来阻挡水流，有效地吸收污染物，沉降泥沙，给湿地景观带来良好的生态效应。

（2）湿地植物景观设计的要点。在湿地植物景观设计的布局中，首先，平面上配置水边植物最忌等距离的种植，应该有疏有密，有远有近，多株成片，水面植物不能过于拥挤，通常占水面面积的 30%~50%，留出倒影的位置。其次，立面上可以有一定起伏，在配置上根据水位由深到浅，依次种植水生植物、耐水湿植物，高低错落，创造丰富的水岸立面景观与水体空间景观。当然，还可建立各种湿地植物种类分区，交叉隔离，随视线转换，构成粗犷和细致的成景组合，在不同园林空间组成片景、点景、孤景，使湿地植物具有强烈的亲水性。

（3）湿地植物材料的选择。

首先，选择植物材料时，应避免物种的单一性和造景元素的单调性，应遵循"物种多样化，再现自然"的原则，考虑植物种类的多样性，体现"陆生—湿生—水生"生态系统的渐变特点和"陆生的乔灌草—湿生植物—挺水植物—浮水植物—沉水植物"的生态型；尽量采用乡土植物，因为其能够很好地适应当地的自然条件，具有很强的抗逆性，要慎用外来物种，维持本地原生植物。

其次，应注意到植物材料的个体特征，如株高、花色、花期、自身水深等，尤其是要注意挺水植物和浮水植物。挺水植物正好处于陆地和水域的连接地带，其层次的设计质量直接影响到水岸线的美观，岸边高低错落、层次丰富的植物景观给人一种和谐感，令人赏心悦目。相反，若层次单一，则很容易视觉疲劳，不会引起人们的注意。浮水植物中，有些植物的根茎漂浮在水中，如凤眼莲、萍蓬草，有些则必须扎在土里，对土层深度有要求，如睡莲、芡实等。

4. 驳岸设计

驳岸环境是湿地系统与其他环境的过渡带，驳岸环境的设计是湿地景观设计中需要精心考虑的内容。科学合理的、自然生态的驳岸环境，是湿地景观的重要特征之一，对建设生态的湿地景观有重大作用。驳岸景观的形状是湿地公园的造景要素，应符合自然水体流动的规律，使设计融入自然环境，满足人们亲近自然的心理需求。

（1）驳岸设计的原则。

首先，突出生态功能。驳岸的设计应该保持显著的生态特性，驳岸的形态通常表现为与水边平行的带状结构，具有水陆过渡性、障碍特性等。在形态设计上，应随地形尽量呈现自然弯曲的形态，力求做到区域内的收放有致。

其次，注意景观的美学原则。我们要重视景观的视觉效果，驳岸的景观设计应依据自然规律和美学原则，遵循统一和谐、自然均衡的法则。通过护岸的平面纵向形态规划设计，创造出护岸的美感，强化水系的特性，这体现在对护岸的一些景观元素，如植物、铺装、照明等的设计上。

最后，增加亲水性。在驳岸的设计中，我们应该在遵循生态、美学特性的同时，分析人们的行为心理，而驳岸的高度、陡峭度、疏密度等都决定了人们对于湿地的亲近性。在对驳岸进行整体性设计时，应选择在合理的行为发生区域进行合理的驳岸空间形态设计，并促进人们亲水行为的发生，包括注重残疾人廊道的设计，如俞孔坚在广东中山岐江公园设计的临水栈桥，桥随水位的变化而产生变化，使游人能接近水面和各种水生动植物。又如，杭州西溪国家湿地公园中的临水步道也突出了亲水性，并且用木头做廊道，其原生态性和湿地植物融为一体。

（2）湿地驳岸的设计形式。

第一，自然式护岸。自然式护岸是运用自然界物质形成坡度较缓的水系护岸，是一种亲水性强的岸线形式，多运用岸边植物、石材等以自然的组合形式来增加护岸的稳定性。自然式护岸设计就是希望公园的水体护坡工程措施要便于鱼类及水中生物的生存，便于水的补给，景观效果也应尽量接近自然状态下的水岸。

第二，生物工程护岸。生物工程护岸是指当岸坡坡度超过自然坡度、土地不稳定的时候，可将一些原生纤维，如稻草、柳条、黄麻等纤维制成垫子，将他们压进土壤中来阻止土壤的流失和边坡的侵蚀。当这些原生纤维逐渐降解，最终回归自然时，湿地岸边的植被已形成发达的根系并保护坡岸。

第三，台阶式人工护岸。台阶式人工护岸可运用于各种坡度的坡岸，一方面它能抵抗较强的水流冲蚀，另一方面有利于保护植物的生长。此外，它还能在水陆间进行生态交换。

第二节　生态街道景观艺术设计创新

一、街道景观设计相关理论

（一）街道美学理论

日本当代建筑师芦原义信于1979年出版了《街道的美学》，将视觉和图形的形态结构理论应用于街道景观设计。他认为，就设计者而言，从外侧的街道界面考虑内侧的街道界面，能够创建一个更加美妙的城市空间。街上充满生机活力，则城市就充满生机活力；街道沉闷压抑，则城市也显得沉闷压抑。他认为，街道是城市内涵、文化与品位的体现形式，除了具有交通作用，更多的是为居民提供优质的宜居环境和让居民产生愉悦的心情。他还认为，文化习惯的差异会导致区域街道的差异，这些客观因素会影响街道的布局①。故此，市民会愿意花费一定的时间、精力来保护他们生活的街道，使其优雅温暖，充满人情味。因此城市建设除了满足住宅的诉求之外，还需要满足人们对优质街道环境的诉求。街道的设计不能凭空想象，要优先考虑居民的想法，使得街道的作用可以得到最大限度的发挥，生态环境效益也可以稳步提升。

（二）街道空间要素及分析

1. 客体要素

现代城市街道元素远远比传统街道元素复杂，元素的数量及元素本身都更复杂。现代城市街道景观空间有以下几个元素：自然、人工元素、客体元素空间分布、要素间的关系。城市的生存环境是由不同的地理环境构成的，这是一个城市与其他城市最明显的区别。城市街道的布局将会受到地理环境等自然因素的影响，要因地制宜对街道景观进行设计，以创造一个真正可持续发展的街道。街道地理环境主要有地形地貌、植被、水体等。街道景观最基础的元素当属人工元素，包括建筑立面、街道路面、绿化带等设施。

---

① 芦原义信. 街道的美学 [M]. 尹培桐，译. 天津：百花文艺出版社，2006：69.

（1）地形地貌。城市的地貌特征是构成城市形态的基本因素之一，平原、山地、丘陵、岛屿等不同的地形地貌形成了各种不同的城市特征。地形特征会影响城市街道，而城市街道也会反映出这些特征。

（2）植被。植被景观元素在城市街道景观中是非常重要的，这里的植被是指城市自然和原生植物群落，不同于人工造林的城市景观，它具有优化街道环境、缓解压力、增添美感以及改善生态环境的功能。

（3）水体。水体包括水河、河流、湖泊和其他大型水体，还包括自然降雨、降雪。城市水体不仅为人们提供生活用水，还改善城市环境，是城市街道景观设计的重要设计元素。

（4）天象时令。天象时令包括云、雾、日出、日落、大雨、大风、降雪、降霜等自然景观要素。

（5）沿街建筑立面。空间建筑立面的风格、颜色、尺度均属于街道景观系统的构成元素。所以，街道两侧的建筑最好排列整齐、有节奏感。一个不协调的建筑会打破原有街道景观空间的韵律感和平衡感。此外，要想使街道美观，建筑立面需与其相互协调。当然，街道的设计必须与自然相互映衬、相得益彰，建筑的设计与布局应该先考虑街道的特性，注意突出地方特色，体现绿色生态街道的文脉，对沿街建筑表面的规模、空间景观进行合理控制。此外，建筑表皮的颜色设计也属于街道景观设计中一个必须考虑的部分，因为其体现了街道特征和属性，所以颜色与街道架构必须相统一。建筑是街道十分明确的人造元素，协调好建筑沿街界面与街道空间之间的关系是提升街道景观的有力保障。

（6）街道绿化。街道绿化的意义重大，地面与垂直绿化属于街道绿化景观的范畴。街道绿化起到美化街道环境、创造愉快的阴凉景观空间等作用，与街道绿化相近的生态技术能够净化空气、调节温度、改善生态环境。由于客观因素，街道空间、绿地空间、停车场空间等的设计也要有差异。立体绿化有助于提升绿地范围，满足绿色生态的需求，其包括绿色屋顶与阳台、沿街绿墙、桥上绿化、柱廊绿化、围墙绿化、棚屋以及立体花坛等。

（7）街道路面铺装。街道硬质景观是街道的基础。在生活性街道中，街道路面铺装存在较大的实用价值和艺术观赏价值，属于街道硬质景观的基础元素。

（8）街道公共家具。城市街道家具根据功能可分成三种：第一，小品家具，如小雕塑、喷泉、花圃、走廊等。第二，交通管理设施家具，如道路交通标志、护柱、栏杆等。第三，服务设施家具，如灯具、饮用喷泉、垃圾桶、电话亭等。

2. 主体要素

街道景观空间的使用者是人，人是生活性街道景观的主体要素，因此生活性街道生态化设计应以街道上活动的行人为第一要务。扬·盖尔讲师将户外空间活动分为自发性活动、社会性活动以及必然性活动三种。其中，自发性活动体现在城市生活功能上，即通过改善街道的空间环境质量，吸引更多的人来到街道。必要性活动在交通功能上有所体现，形成富有活力的街道景观空间。

3. 空间形态

街道景观空间中存在自然与人两方面。在街道中，应该选择有差异的设计模式，不能只依靠建筑来创设充满生机的街道。在生态化街道中，保持自然和丰富的人体尺度是审美的必然要求，维持自然和人造物品之间的平衡是人与自然、人与城市、人际和谐的唯一途径。

（1）概念。界面是指空间里的平面元素。生态化街道空间界面是道路、建筑、绿化、设施等相结合的形式，它包括节奏、外轮廓线、光线和阴影以及他们之间的相互交织和组合。当我们穿过马路看到叠加的建筑和环境时，就可以体验到城市环境。

（2）分类。从空间构成来说，街道空间界面的两个部分是垂直界面和水平界面。前者包括所有沿街的建筑立面、行道树等，后者则是车行路面、人行道路面、台阶、草坪等。水平界面具有分割街道空间的作用，能够提高景观的欣赏价值，还能够加强环境保护等。水平界面有刚性基础和柔性基础。硬铺地、裸露的土壤属于刚性基础，它们不仅可供人停留、走动或做各种各样的活动，还有利于限制空间、增强识别。柔性基础可以减少人工元素的呆板性，使环境显得自然而柔软，还能为居民的活动提供场所，如水体、植物基面等。垂直界面是构成绿色生态化街道空间的一个元素，其形态与建筑密切相关。在街道空间里，人们不管是动态的还是静态的，都与垂直界面相对，所以垂直界面是绿色生态化街道空间的表面。此外，街道垂直界面与立体绿化的结合已经成为目前一个重要的产生重大环境效益的景观。

二、街道景观生态设计基本原则

城市生活性街道景观生态化设计应包含以下特点：温暖和谐、节奏缓慢、设计合理、有区域特色等。城市生活性街道景观设计从社会、自然、经济、文化四方面来实现生态化，符合低碳生态的理念。此外，在设计层面，要遵循表现区域特点及精神文化等的原则。在社会层面，要遵循生态和"以人为本"的原则，尽可能满足人的各种物质和精神需求，建立一个自由、平等、公平的社会生活环境。在经济生态层面，要遵循保护和合理利用自然资源及能源的原则，尽可能提高资源回收率，实现资源合理有效利用，转变生产、消费、住宅开发模式。在自然生态层面，要遵循保护优先的原则，首先是保护自然生态环境，不能过度开发和改造，以免超出了环境的承载极限，从而对自然造成不良影响。文化生态的原则是维护当地文化特色，展示地域文化的特点，让个性鲜明的地方文化得以传承，增强人们的文化认同感。

三、街道景观生态设计基本思路

（一）在功能上

在功能上，要在保障道路的正常行驶与安全的基础上开展生态建设，通过引入生态调节机制，并采取科学的方法进行路段的综合分类。尊重当地的水资源环境，按照当地的自然水文条件，尽可能地减少项目开发带来的损害。保持原有的水文条件的总体目标，通过使用低影响开发技术在雨水径流的源头和生成路径上，分散规划一系列的软质雨水管理景观设施，构建一个绿色的雨水管理网络，达到对当地雨水水量与水质的管理目的。

（二）在美学上

在美学上，要突出地域特性，尽显当地风情，用朴实、简单的材料进行组合，然后雕琢细节使其具有艺术感。

（三）在材料的应用上

在材料的应用上，选择可渗透并且环保的材料，避免使用那些无法渗透的材料，要研究新技术、新材料的使用。合理利用回收的材料，降低成本。生活性街道十分喜欢设置艺术景观，然而对于设计人员来说，他们更愿意选择用环保、可再生能源和可回收材料设计的景观，来打造景观艺术化与功能现代化相辅相成的高品质街道人居环境。在植物选择上，本地物种维护与管理成本较低，可加大对本地物种的保护和利用。

（四）在项目的运作上

在项目运作中，要提高公众对街道空间设计的参与热情，调动市民的参与性和积极性，设计人员应对公众意见和建议进行专业引导与过滤，并制定有实施性的发展策略，让群众参与项目的各个阶段建设，让每个居民都为自己对绿色家园所做的贡献感到自豪。

四、街道景观生态创新设计

（一）街道绿化设计

1. 街面绿地

所谓街头绿地，一般是指在街道植树种草等，目的在于改善城市气候、分割行车路线、减少噪声、保持空气清新、美化城市，同时具有防火的作用。两个车行道中间的分隔带就属于分车绿化带；人行道绿化带在人行道和车道中间；路旁的路边绿带在路的侧边，是人行道到道路红线的绿化带。界面绿地的存在既能够使绿地的景观、生态及游憩等基础作用得以发挥，又能够为周边的雨水径流提供蓄滞空间，并和周边的水体、绿地连接。所以，可以选择不同的街道绿化方案，使街道景观形式多样，为街道雨水管理、景观设计提供平台。

2. 交通岛绿地

交通岛绿地的作用有两个：一是控制车辆行驶的方向，二是确保过往行人的安全。它们的存在既提高了车辆、行人的安全性，又为交通岛雨水的疏通提供了便利。交通岛绿地多适用于雨水渗透园或人工湿地策略，雨水渗透园的绿地的标高低于路面，可以收集人行道表层的雨水，这些雨水能润泽植被、初步净化尘土，然后慢慢地渗透到土壤中，滋补地下水，没有渗透到地下的雨水将排入市政雨水管网。

3. 停车场绿地

街道或者建筑两边的停车场，其车位一般为开放式。一般来说，在其边缘位置和拐角处都会有硬底路面或绿地空间，且规模不小于停车场。若停车场的规模较大，那么一般每个停车位中间还会有一个线性空间，目的在于拉宽车辆的停放距离，提升安全性。

（二）街道立体绿化

1. 绿色墙体

所谓"绿色墙体"，即在和水平面之间的夹角保持 60 度以内的建筑或构筑物的立面上种植或覆盖植物的技术，也称作垂直绿化。这些土壤是人为铺砌的，并不是自然形成的。绿色墙体是分雨洪的管理方法和基础方法，而生活性街道建筑立面的绿色墙体处理主要通过立体绿化的方式实现。两种方法最终都要创造出一种人与自然共生关系。

（1）街道立面绿化植物配置。街道立面绿化植物配置有三种方式：攀缘式、下爬式和内载外露式。攀缘式，适用于高的建筑立面，在建筑基地种植藤本植物，可以利用挂钩、搭架、拉伸等方式让植物生长能够遮掩最大部分的墙体面积，普遍用来绿化楼房建筑。下爬式，可种植下垂类植物，将其种植在墙顶的侧面；也可以在墙边种植攀爬类植物。内载外露式，一是在透视式围墙应用，二是在室内种植爬藤植物或花灌木，然后将藤蔓等景观展露到墙外。

（2）模块式墙体绿化技术。将种植模块安装在预装的骨架上，然后将骨架安装在建筑墙体上，其上再覆盖灌溉系统，种植模块可由弹力聚苯乙烯塑料、金属、黏土、混凝土、合成纤维等制成，一般植物在苗圃中预先定制好再进行现场种植。

（3）室内生态墙体。最新研究表明，植物可以有效地降解空气中的有害物质，实验结果给出的净化空气的标准是每 100 平方米室内安装 2 平方米植物墙，就可以非常有效地净化室内空气，减少污染，并且提供负氧离子。我们设计一面绿色植物墙体，既能分割空间，又能净化空气、美化房舍，将其打造成艺术作品。当然，因为是室内设计，所以所用的材质、植物都需要慎重选择。在夏季，墙体通过蒸发制冷，降低空调能耗；而到了冬天，则可以凝聚充盈的湿气。

（4）街道建筑立面绿化植物的种植设计。生活性街道建筑立面绿化一般使用的都是攀缘类植物，一方面可以使当地植物资源得到充分利用，形成地方特色。另一方面是根据植物的攀缘习性，进行混合搭配，从而提升其观赏性。首先，依据采光情况选择攀缘植物。喜欢阳光的攀缘类植物一般用于光照充足的墙面；耐阴或半耐阴的攀缘植物则用于光照不充足的墙面。其次，依高选材。不同墙面或构筑物高度并不一致，因此要使攀缘植物与墙体高度相适应。最后，混种技术是垂直绿化的一个方向，即将草本与木本进行搭配，还需要选用花期较长或者维持绿色时间较长的品种，以营造内容丰富的综合景观效果。

攀缘植物可分为四类：爬墙类、悬垂类、棚架类和篱笆类。例如，北京天通苑小区，工人在楼体墙侧种植了五叶地锦，夏天形成一面面绿墙，秋天树叶变红，美不胜收；有花绕石城之称的石家庄，在城市主干道、社区围墙利用月季进行攀缘绿化，形成花墙；广州市充分利用炮仗花的特性，将其广泛用于垂直绿化，元旦和春节之间是它的花期，这为欢度佳节提供了非常好的植物素材。用攀缘植物来绿化墙面是最节省、最生态、最低碳、最持久的墙面绿化方式，应当广泛应用。

2. 绿色阳台

阳台对于建筑物，就像眼睛对于人，眼睛是心灵的窗口，那么阳台就是建筑的"眼睛"。因此，如果能将其"打扮"得漂漂亮亮的，必然会提升建筑自身的美感，对城市也起到了美化、绿化的作用。人们绿化阳台，除了可以欣赏到风景之外，还可以感受到自然界的温馨，同时漂亮的阳台也为城市增添了艳丽的色彩。

阳台的材质、模式、装饰以及植被的差异给人的感觉都是有差别的。若阳台面朝太阳，则可以选择喜阳植物，如茉莉、月季，若处于背阳之处，则要选择喜阴植物，如君子兰、万年青等。

美化阳台的方法很多，生活中比较普遍的有花箱式、悬垂式和花堆式等。花箱式多设计成长方形，从而节省大量的空间。悬垂式既能节省空间，又能增大绿化面积，属于常见的立体绿化方式。花堆式是最常见的方式，即把各类盆栽按照一定的审美标准摆放在一起，给人一种花团锦簇的感觉。

3. 桥体绿化

桥体绿化就是在桥的边缘地带设计种植槽，种植一些向下生长的植物和花卉，如迎春花、牵牛花等，也可以设置防护栏、铁丝网等，从而栽种爬山虎、常春藤等攀缘植物。

4. 道路护栏、围栏绿化

道路护栏、围栏可利用攀缘植物来进行绿化。此外，还可以通过悬挂花卉种植槽或者花球进行点缀。在酷夏的时候，水分容易蒸发，所以要关注植物的需水情况，要随时保持水分的充足。当然，在温暖湿润的春天，为防止植物烂根，要少浇水。冬天较为寒冷，还会经常结冰，因此冬天要保持花盆内部的干燥，防止冻裂。

道路护栏、围栏绿化能使空间延伸"N"倍，提升欣赏价值。但是安装复杂，对支架要求较高，如果支架不强，就会成为一个特定的交通风险。

5. 立体组合花盆

立体组合花盆有着特殊的固定装置，可以在路灯杆、灯柱、阳台等上面将立体组合花盆固定。立体组合花盆具有节水省力、快速组装拼拆、任意组合、移动性强等特点，设计人员可根据需要将其组合成花墙、花球、花柱，使营造出的艺术景观呈现多层次、多图案、多角度的效果。

6. 棚架绿化设计

棚架绿化一般通过门、亭、榭、廊等方式来实现，以观果遮阴为主要目的。通常情况下会选择卷须类或缠绕类的攀缘植物。当然，猕猴桃类、葡萄类、木通类、五味子类、山柑藤、观赏葫芦也是常见的棚架绿化植物。

7. 立体花坛设计

街道中的立体花坛通常应用在节日里，而随着社会的发展，固定性应用的立体花坛也越来越广泛，木架、钢架、合金架等都是立体花坛设计的基本骨架，此外，还需配置铁线、卡盆、钢筋箍等，以生成各种造型。后来，钢管焊接造型出现了，并被设计成了许多简洁美观的立体花坛，然后在架体设置储水式的花盆。底部栽植各种应季花卉作为配重箱。此外，定期的检查与维护也是不可或缺的，这样才能保证摆放的安全性。要想景观的效果显著，就需要花卉种类丰富。立体花坛常用的植物品种有紫罗兰、旱金莲、万寿菊等。

（三）针对寒风的绿色设计

冬季寒风让人感到寒冷难耐，在我国设置垂直于风向的界面屏障可有效地抵挡寒风并降低风速。在北方生活性街道景观设计中，应尽可能保障街道沿东西向布置。为了阻止寒风可在街道两侧设置建筑界面。街道周围建筑之间的空隙是风流动的首选路径，在冬天的时候，街道的风速与周边建筑的大小、高低息息相关，因此，合理的建筑设计有助于降低寒风对街道的侵袭。如果某一区域的建筑高低差距不大，那么其风速就会比较平稳，但如果有其中一幢"鹤立鸡群"，那么其受到风的侵袭就会较大。因此，在北方城市生活性街道设计中，建筑群的高度应尽可能保持一致，避免出现局部高大建筑。相反，应多采用低围的建筑界面。街道侧面建筑物的体积也会对风速造成影响，所以要对街道周围的建筑进行合理设计，从而达到分流寒风的目的，将大量的风引入城市上空，从而创建一个舒适的步行空间。北方城市生活性街道绿色设计策略有以下两方面：

1. 连续界面阻挡寒风

在城市里面，大部分街道走向应该与冬季风呈垂直状态，针对这种情况，可以将街道设计为连续且封闭的状态，或者借用绿化带来分化风力。

2. 平缓组合导引寒风

街道上的建筑应该有规律可循，避免突兀的高低变化，最好是沿着风向楼层逐渐升高，这样能够将冬季寒风引到城市的上空。

（四）针对降雪的绿色设计

在北方，冬季积雪属于街道面临的难题之一，街道每年会在这上面耗费大量的人力物力。针对此类问题，设计师可以在街道上进行一些设计，如利用风的走向将雪吹到一个固定的地方。此外，街道绿化可以屏蔽冬季风，从而在背风区形成涡流区，积雪在风中移动，自然就会堆积，因此无须对其进行人工或者机械除雪。在街道的两边有公共空间入口时，可以根据空气动力学原理针对入口周边环境进行科学的设计，使积雪可以被风刮走，不会阻塞入口或飘落到入口中。

所以，城市生活性街道针对冬季降雪的生态化设计策略表现为以下几方面：

1. 自然清除

在街道进行绿化设计时，计算并预留出自然的积雪区域，并且迎风而建，让积雪随风飘远。

2. 灵活存储积雪

灵活存储积雪，如可以增大街道的步行面积，这样在冬天就可以预留出部分空间来设置临时存放积雪的区域，而在其他季节可以用作非机动车通道。这样能增加街道的空间弹性，并根据实际需求灵活变通。

3. 将积雪生态循环加以利用

将积雪生态循环加以利用，即把冬天街道上的积雪进行隔热储存，用于夏天空间环境的制冷，降低耗能和污染。

第三节　生态居住区景观艺术设计创新

一、生态居住区景观规划设计的原则

建设部住宅产业化促进中心编写的《居住区环境景观设计导则》中提到了居住区景观规划设计要遵循五项基本原则。

（一）生态性原则

人心向"绿"已是势不可当的发展趋势。如果难以创造大面积的开场绿地，那么在进行规划设计时，设计人员可以通过绿化种植和空间分割等手法使人的视觉和感觉处在生态环境之中。此外，应尽量保持场地现存的良好生态环境，通过配置不同植物调节内部微气候，弥补原有生态环境网络的不足之处。在进行景观规划设计时，还应积极地将生态节能技术的应用与园林景观的构建相结合，如节能材料的使用、供水供暖等设备系统的综合设计、雨水收集系统的运用等，力求创造出利于人类可持续发展的社区。

（二）地域性原则

地域性原则是居住区景观规划要遵循的一个重要原则。居住区的景观规划应该遵循当地的地域特征，因地制宜地进行绿化种植，避免盲目移植树种，从而造成浪费；应根据现场地形，设置开合有序、变化丰富的景观空间。

（三）社会性原则

通过对居住区环境的美化及艺术化的渲染来提升居住区的文化氛围，以促进邻里间的人际交往以及居住区的精神文明建设，进而形成集活力、和谐、生机为一体的居住区。

（四）经济性原则

结合市场发展及地方经济，注重节能减排并合理利用土地，采用环保材料及生态节能技术使设计尽可能达到最优的性价比。

（五）历史性原则

对位于历史保护区内的居住区，在进行景观规划设计时，要结合历史文化并与保护区内的景观相融合，做到先保留，后改造。

二、生态居住区景观构建

（一）绿化系统

社区整体景观以建筑小品、景观树以及形态多变的铺地为主，构成丰富多样、富有层次的园林景观，使住户产生置身在自然环境中的感受，同时，也使住户享受到建筑艺术以及园林艺术带来的美感，让整个社区氛围更为活跃，让住户不会局限于自家的方寸之地，从自己的小天地走到更为广阔的公共区域，活跃邻里之间的关系，拉近彼此的距离，回归最初邻里之间友好和谐的关系。

院落作为小组团的公共空间，是邻里互相交流的地方。院落的打造要以温馨、亲和、舒适的园林风格为主，在尽可能丰富住户休闲活动的同时，重视人文的塑造，使每个院落有不同的风格特点，突出整个居住区的文化内涵。各个院落构成了居住区整体的景观架构，把各个院落有机而连续地联系在一起才能形成完整的居住区景观。主要方式则是通过步道、高低错落而连续的景观植被等形成既独立又连续的有机景观脉络，突出居住区的中心景观，增加景观轴线的纵深度。

（二）景观系统

社区景观规划以中心景观水系为主要景观核心，通过景观中轴引入城市河流这一重要的景观资源，两者互相呼应，形成贯穿小区南北的步行视线通廊。水景的融入和放大使得居住在其中的住户能够时刻感受到身处水乡之中，水文化的核心规划理念也更能深入人心，在景观氛围中影响住户，使人们感受到浓厚而熟悉的地域人文特色。景观通廊是连接每个住宅院落的通道，是仅次于景观轴线重要的布景。在通廊景观的塑造上，应以蜿蜒的步道为主。

另外，幼儿园和会所分别作为次要景观核心，增加了景观轴线的层次感和视觉丰富感，共同打造出层次分明、错落有致而丰富多彩的景观资源，形成宜居的社区环境，营造文化韵味浓厚的小区氛围。各组团景观核心串联起小区次要景观的轴线，并和社区中央景观遥相呼应，共同营造多样化的自然景观。

结合周边城市道路网络和景观资源，在社区环状道路设计上，道路应有适当的曲折，以形成丰富的沿路景观，达到步移景异的效果。沿路建筑错落有致，水系、建筑空间开合有序，形成社区主要的景观界面。

三、"绿色细胞"生态居住区的设计创新

为对上述理论进行详细说明，从理论上升至实践，本研究选取面积约18平方公顷的地块进行生态住区设计。该设计模型植入"绿色细胞"的概念，以公共服务设施和第四代建筑为基本框架来确保物质循环关系，以期构建一种让住户健康、舒适，让人与自然和谐共存，让绿色资源可循环的"绿色细胞"生态住区。

（一）居住区总体设计

"绿色细胞"以环通路网为肌理，以水体景观等"海绵体"为单元，做到宅中有院、院中有园、园中有水。在场地中央设置垂直农场与景观核心，以步道和街区空间串联邻里，延伸生态水景与绿化网络。

垂直农场是组团间物质交换的中枢，良好的可达性便于居民的聚集和物质的运输。生态廊道与运输通道相结合成为"绿色细胞"的"动脉"，为人们提供自然的开放空间，满足生态居住区的健康需要。建筑设计参考第四代住宅，各层空间形态错落，其阳台和屋顶作为建筑公共空间活跃的元素，能够加强居民的交流，形成良好的空间围合。在通风采光良好的地段设置立体绿化开放空间，通过居住区内部的交通划分形成相对独立的岛式组团。

（二）公共服务设施

居住区内的公共服务设施包括基础教育设施和公用休闲娱乐等服务

设施，基础教育设施包括中小学、幼儿园、托儿所等，而公用休闲娱乐等设施除零散分布于室外，还集中于工作社区中央的垂直农场。垂直农场建筑占地为 1500~2000 平方米，高度不超过 60 米，由裙房与塔楼两部分组成，每层面积约 40 米 × 40 米。建筑时应综合考虑低造、模块、保养、整体采光需求、城市景观界面等因素。垂直农场基本楼层采用阳光房的形式，有利于农作物与绿化的栽培，保湿保温防极端天气，为植物提供一道保护屏障。此外，垂直农场还集物业管理、社区服务、餐饮娱乐、渔业养殖、作物种植等功能于一体，具备复合型绿色居住区的服务功能。

（三）生态住宅设计

住宅分为居住组团、建筑单体、绿色空间三个层次。组团以单元区分，打造符合当地气候环境和城市文脉的绿化空间，并在采光、通风良好处连续集中规划公共绿地。建筑单体空间在每户新添私人院落或阳台、在楼顶开设屋顶绿化，与住宅用户公共区域相连接，增加楼层居民的交流沟通，优化内部环境。每户院落也相当于独立的绿色空间，让人们自由地种植农作物、花草。按照每层户型 2~4 种规划，采用装配式建筑构造，根据地形调整层高，18 平方公顷能容纳 5000~8000 人。

（四）景观设计

在生态居住区内形成点线面结合的绿色空间：中央水面、垂直农场构成居住区的景观面，成为景观绿心，净化空气、改善内部湿环境；由绿植和水体构成生态绿化走廊，通过路网渗透至各个单元，再由各单元公共绿地景观构成绿化空间的点状元素。

生态居住区水体景观的设计原则是以生态为本，提供绿色、开放、自然的公共活动场所；以水为核心，打造承载居住区水循环、控制内涝、稳定社区湿环境的滨水景观；以休闲娱乐为主题，通过滨水步道、广场为居民提供休憩、交流场所。

（五）居住区交通

除划定红线的道路系统外，还要规划层次清晰的内部交通系统。居住区内的组团均相对独立，通过连通的环状内部道路系统与城市道路合理衔接；组团内通过生态水系、景观步道等串联。相邻单元之间规划内部的交通通道。居住区内部的交通与外部规划的城市公共交通设施吻合，以保障居民出行通畅，居民根据不同出行目的和距离可以选择多种出行方式。机动车停车区利用绿化的高差与留白，采用地面和地下等多种方式相结合的形式，以减小对人流和景观轴的影响。此外，还可以在适应地形的基础上对部分组团的集中绿化区设置阶梯式步行平台，充分将居住区的交通与景观嵌合，提高景观的利用率与舒适度。

（六）居佳区可持续发展体系的构建

植物生产是"绿色细胞"生态居住区的核心，通过植物将垂直农场中的农产品、立体绿化技术、绿色住宅屋顶、第四代建筑阳台与生态居住区相联系，构建类似于生态系统循环的体系和"生产—生活—生态"相互作用的产业链。

（1）生产：除传统种植外，垂直农场、家庭庭院、屋顶等还为生态居住区提供农产品、果蔬、绿植等；利用太阳能、风能、地热能等为居住区提供能量，以减少物质输入，增加物质产出，促进产业链的形成。

（2）生活：居民在生态居住区户外环境中能欣赏到坐落在各处的由垂直农场生产带来的绿色景观；在室内能直接体验垂直农场生产的产品和服务；在农场内能享受种植农产品的休闲时光。

（3）生态：生态居住区景观规划和立体绿化技术应用为居住区带来了更丰富、规模更大的绿化量，改善了居住区的环境质量，对城市环境产生了正效应；茂盛的绿植是天然的海绵体，能更好地抵御暴雨、沙尘等恶劣天气；生产、生活垃圾能为绿植提供肥料，绿植能调节居住区小环境、节约资源、促进资源循环流通。

参考文献

[1] 陈超．现代城市水生态文化研究：以中原城市为例 [M]．北京：中国水利水电出版社，2020.

[2] 郭媛媛，邓泰，高贺．园林景观设计 [M]．武汉：华中科技大学出版社，2018.

[3] 江明艳，陈其兵．风景园林植物造景 [M]．2 版．重庆：重庆大学出版社，2022.

[4] 金俊．理想景观：城市景观空间的系统建构与整合设计 [M]．南京：东南大学出版社，2003.

[5] 雷鸣．生态背景下的园林景观设计 [M]．长春：吉林出版集团股份有限公司，2022.

[6] 李香菊，杨洋，刘卫强．园林景观设计与林业生态化建设 [M]．长春：吉林科学技术出版社，2022.

[7] 李学峰．生态视角下园林景观创新设计研究 [M]．长春：吉林科学技术出版社，2022.

[8] 陆娟，赖茜．景观设计与园林规划 [M]．延吉：延边大学出版社，2020.

[9] 郤亚微．生态文明视域下城市园林景观设计研究 [M]．长春：吉林

科学技术出版社，2022.

[10] 盛丽 . 生态园林与景观艺术设计创新 [M]. 南京：江苏凤凰美术出版社，2019.

[11] 汪华锋，袁建锋，邵发强 . 园林景观规划与设计 [M]. 长春：吉林科学技术出版社，2021.

[12] 王思元 . 城市绿色边界： 城市边缘区绿色空间景观生态规划设计 [M]. 北京：中国建筑工业出版社，2016.

[13] 肖国栋，刘婷，王翠 . 园林建筑与景观设计 [M]. 长春：吉林美术出版社，2019.

[14] 张杰，龚苏宁，夏圣雪 . 景观规划设计 [M]. 上海：华东理工大学出版社，2022.